画里有话

张 志 编著

中国书法出版传媒有限责任公司
CHINA CALLIGRAPHY PUBLISHING&MEDIA
书 法 出 版 社 · 北 京

图书在版编目（CIP）数据

画里有话 / 张志编著． -- 北京 ： 书法出版社有限公司， 2025. 3. -- ISBN 978-7-5172-0658-3

Ⅰ．B821-49

中国国家版本馆 CIP 数据核字第 2025EQ1128 号

书　　名	画里有话	
编　　著	张　志	
责任编辑	李　慧	
责任印制	樊碧博	
插图绘制	童创未莱	
装帧设计	东方视点	
出版发行	书法出版社有限公司　发行部电话 010-65066428	
地　　址	北京市朝阳区农展馆南里 10 号　邮编 100125	
经　　销	新华书店	
印　　刷	三河市嵩川印刷有限公司	
开　　本	880mm×1230mm　1/32	
印　　张	7	
字　　数	117 千字	
版　　次	2025 年 6 月第 1 版　2025 年 6 月第 1 次印刷	
定　　价	48.00 元	

前言

俗话说："不听老人言，吃亏在眼前。""老人言"是一代又一代人积累的经验，是实践的总结，是人生非常宝贵的财富。从这些名言中汲取人生智慧，可以更好地指导我们的人生。历史上，因为不听老人言而遭受挫折的例子屡见不鲜。

秦晋之战是一次重大战役。战前，秦穆公向秦国年迈的老臣蹇叔咨询。蹇叔说："兴师动众去袭击远方的国家恐怕不行。军队远征，士卒疲惫，晋军再有所防备，很难取胜。我看还是不要去了。"穆公不听，出师东征。蹇叔哭着对主帅孟明说："孟明啊，我看到军队出征，恐怕看不到班师回朝了。"秦穆公非常生气，对蹇叔说："你知道什么，我看你早该死了。"然而，战争的发展应验了蹇叔的话，晋军在崤山击败了秦军。秦穆公后悔当初没听蹇叔的话，但也悔之晚矣。

再如张良拾鞋的故事。秦朝末年，张良在博浪沙刺杀秦始皇没有成功，便逃到下邳隐居。一天，他在镇东石桥上遇到一位白发苍苍、手持拐杖、身穿褐色衣服的老人。老人故意将鞋子掉到桥下，让张良帮他捡起来。张良虽然很惊讶，但见对方年老体衰，而自己年轻力壮，便克制住怒气，到桥下帮老人捡回了鞋子。谁知老人不仅不道谢，反而大大咧咧地伸出脚来说："替我把鞋穿上！"张良心中大怒，但转念一想，反正鞋子都捡起来了，干脆好人做到底，于是默不作声地替老人穿上了鞋。张良的恭敬从命，赢得了老人的认可。

经过几番考验，老人终于将自己用毕生心血注释而成的《太公兵法》赠予张良。张良得到这本奇书，日夜诵读研究，后来成为满腹韬略、智谋超群的汉代开国名臣。张良克制自己的不快，为老人拾鞋、穿鞋，这并不是软弱的表现，而是对老人的尊重，也是对自身品格的完善。正是在不断礼让的过程中，张良磨砺了意志，增长了智慧，最终成为杰出军事家、政治家。

人生旅途中，很难有一帆风顺的时候，我们常常会遭遇很多挫折和磨难。老人言能够给我们提供许多人生智慧，可以使我们的人生之路走得更顺畅。如楚汉之争时的张良，就是得到了黄石公（那位老人）的真传，才能够腹藏兵机、运筹帷幄、制胜天下的。如果能够在日常之中多汲取一些过来人的经验，就可以让我们在人生的旅途中少走许多弯路。

本书隽永有味，字字珠玑。这些经验是思想的电光石火，是智慧的高度浓缩，是立身处世的法则，是生活求索的启迪。书中内容涉及人生的各个方面，包括命运成败、品行修养、交际处世、家庭生活、规划人生、职场生存、调整心态等，内涵丰富，实用性强，饱含生活智慧，可以为我们的人生指引航向。相信掌握了这些老经验，您便会拥有一份豁达，一份成熟。不听老人言，吃亏在眼前；听了老人言，幸福在眼前。衷心希望本书能对您的人生有所帮助。

/目录/

益智成才篇

第一章·知识积淀

第二章 · 求知益智

第三章 · 事理规律

处世篇

第一章·世态人情

第二章 · 做人哲学

第三章 · 是非善恶

第四章 · 生活处境

第五章 · 个人涵养

益智成才篇

第一章

知识积淀：

求学无笨者，努力就成功

——从实践中来，到实践中去

书读百遍　真义自见

书读百遍，其义自见

晋陈寿曾在《三国志·魏志·王肃传》中说："人有从学者，遇不肯教，而云'必当先读百遍'，言'读书百遍，而义自见'。"从字面意义讲，就是要把一本书读一百遍，其中的含义自然就能领会。这里的"读百遍"只是个概数，是一种强调，有多次、重复之意。旨在告诉我们，"重复"乃学习之要。古人还说过，"锲而不舍，金石可镂"。我们读书，需要的正是这种锲而不舍的精神。只有静心研读，反复思考，方能悟出书中的"真谛"。如果每次都能从书本中悟出一些为人处世的哲学，日积月累，必然会拓宽自己的胸怀和视野，在人生道路上少走弯路，对此后的人生也是一种指导。

世间万象，皆为身外之物，唯有多读书、读好书，才能启迪人的心灵，让人耳聪目明，志向高远。一本好书，就如夏日午后的清茶，淡淡的，让人沉醉。它可以在夏日里读出雪意，于山间听闻泉鸣。书是社会文明的载体之一，也是人类进步的阶梯。

一本好书，可以改变人们看待事物的方式，改变人们的思维习惯，影响人们处世的方式，进而影响日常生活，甚至可能改变人的一生。正如古人所言："书中自有颜如玉，书中自有黄金屋。"只有反复阅读，才能体会书中的妙处，才能够感受从懵懂无知走向睿智豁达的成长历程。爱迪生说："要让书成为自己的注解，而不要做一颗绕书本旋转的卫星，不要做思想的鹦鹉。"那就让我们先从熟读开始吧，做到每一本书都可以"书读百遍，其义自见"。

近水知鱼性
近山识鸟音

近水知鱼性，近山识鸟音

岁月催人老，但不要伤悲，老有所用。老人的世界里有着丰富的为人处世哲学，其中"近水知鱼性，近山识鸟音"尤为精妙。如果仅从字面意思来看，就是临近水边，时间久了，就会懂得鱼的习性；深入山林，听得久了，就会辨别鸟的鸣叫。再深入思考这句话，可以从三个角度理解：第一，实践出真知；第二，做事专一，熟能生巧；第三，把握实践的主动性。

有人说，人生就如同骑脚踏车，不前进就会摔倒在地。我们必须在人生的大道上选对方向，首先确定到底"近山"还是"近水"，之后相应地选择"观鱼嬉戏"或"听鸟鸣叫"，最终达到"知鱼性"或"知鸟音"的理想境界。

咬着石头
才知道牙疼

咬着石头才知道牙疼

老人言："咬着石头才知道牙疼。"这句话比喻只有遇到挫折才能真切地明白自己做错了事情。那么"牙疼"了怎么办？去记恨、诅咒"石头"还是一味感叹自己的不走运？甚至以后就不吃饭了？显然，这些想法都是错的。相反，我们应该感谢"石头"，更应该从"咬着石头"的经历中好好地总结经验教训，避免一而再、再而三地犯同样的错误。

每当亲戚朋友职场不顺、生意失败或者生活遇到困难的时候，我们总会用"挫折是人生一笔宝贵的财富""失败是人生最好的礼物"之类的话来劝解、鼓励他们。的确，在当今竞争激烈的社会，没有人会不劳而获，每个人都会遇到各种的困难与挫折。常言道"人生不如意十之八九"，这正是对漫漫人生路的真实描述。我们必须认识到，人生就是一场历练，是一个不断感受失败的痛苦，并从中汲取经验、收获成长的过程。

恩格斯说："伟大的阶级，正如伟大的民族一样，无论从哪个方面学习，都不如从自己所犯错误的后果中学习来得快。"无疑是对此的最好注解。

我们都见过一种名为"不倒翁"的玩具，无论怎么推搡、按压它，只要一松手，它立刻又会直立起来。不倒翁的重心在下面，所以它永远不会趴下。人生也是如此，失败与挫折不可避免，只有不断地经受这些失败与挫折，人才能变得更加坚强。请记住，无论什么样的失败，只要你能够像不倒翁那样跌倒后马上爬起来，那么跌倒的教训就会转化为有益的经验，助力你在未来取得更大的成就。

既然失败与挫折是人生的必修课之一，那么决定人生成败的就不是挫折的大小，而是你面对挫折时的态度。如果你选择逃避，在"咬石头"之后干脆放弃，那么必将遭遇失败。如果能在"咬石头"之后，不但不怨恨，反而感谢那块"石头"，并从这个过程中得到有益的人生经验，那么你还会不成功吗？

要知山下路
须问过来人

011

要知山下路，须问过来人

在中国古代，有一句谚语："要知山下路，须问过来人。"这句话寓意着，只有经历过的人，才能真正理解人生的曲折与坎坷。而对于年轻的我们来说，这句谚语更像是醒世的警钟，提醒我们人生之路并非坦途，只有通过不断学习和借鉴前人的经验，我们才能更好地应对未来的挑战。

在中国的历史长河中，许多故事和典故都体现了这句谚语的智慧。以古代丝绸之路为例，那些冒险的商人在茫茫沙漠中行走了数月，历经艰险，最终将丝绸、茶叶、瓷器等商品带到了遥远的国度。他们的经验告诉我们，成功需要勇气、智慧和毅力，更需要不断学习和借鉴他人的经验。

再如三国时期的诸葛亮，他之所以能够在复杂的政治环境中游刃有余，正是因为他善于借鉴前人的经验和教训。这种虚心学习的态度，使他的人生取得了巨大的成功。

在现代社会，这句谚语同样具有深远的意义。无论是在职场上还是在生活中，我们都会遇到各种各样的挑战和困难。如果我们能够虚心向有经验的人请教，学习他们的应对策略和方法，那么我们就能更快地成长和进步。

总的来说，"要知山下路，须问过来人"这句谚语传达了一个深刻的道理：人生之路充满挑战和变数，我们需要不断地学习和借鉴他人的经验，才能更好地应对未来的挑战。只有这样，我们才能在人生的旅途中不断成长和进步。

一遍生
二遍熟

013

一遭生，二遭熟

在中国古代，有一句谚语："一遭生，二遭熟。"它描绘了人生中的一种智慧：我们在初次尝试某件事情时可能会感到生疏和困难，但随着经验的积累，我们会变得越来越熟练，最终达到精通的程度。

在古代的一个村庄里，有一位年轻的农夫，名叫阿福。阿福从小就跟随父亲学习耕种。初次拿起犁头，他笨拙不已，干活歪歪扭扭，犁过的土地深浅不一。村民们纷纷嘲笑他，认为他不是种田的料。但阿福并没有放弃，他坚信"一遭生，二遭熟"的道理。

随着时间的推移，阿福日复一日地练习。他的手被磨破，肩膀酸痛，但他从不抱怨。每一次耕种后，他都会总结经验，思考如何改进。渐渐地，他的犁头不再歪斜，土地被他翻得又平又匀。到了收获的季节，阿福的庄稼不仅长得最好，而且收成也是最丰厚的。村民们纷纷向他请教，阿福笑着说："一遭生，二遭熟。"

这个故事诠释了"一遭生，二遭熟"的智慧。无论是在学习、工作还是生活中，我们都会遇到初次尝试的事情。这时，我们可能会不适应，甚至失败。但重要的是不要放弃，要勇敢地继续前进。只有不断地尝试和积累经验，我们才能从生疏变得熟练，最终精通。

所以，当我们在生活中遇到新的事物或挑战时，请记住这句谚语："一遭生，二遭熟。"保持耐心和毅力，勇往直前。

听君一席话
胜读十年书

听君一席话，胜读十年书

在传统文化中，有一句广为人知的谚语："听君一席话，胜读十年书。"这句话描绘了一种特殊的经验，那就是通过听取他人的高见或明智的建议，可以获得比长时间独自阅读或学习更多的智慧和洞见。

在古代，有一位年轻书生，自幼聪颖过人，饱读诗书，常被人们称赞为"神童"。然而，尽管读书破万卷，他却始终无法领悟一些深奥的道理。有一天，书生遇到了一位隐士，隐士与他分享了一些人生的智慧。书生听得如痴如醉，恍然大悟。他意识到，隐士的这番话，比他之前读过的任何一本书都有价值。

这个故事诠释了"听君一席话，胜读十年书"的智慧。

在我们的人生旅程中，我们会遇到各种各样的人，每个人都有自己的故事和经验。有时候，与其花费大量的时间和精力去阅读或自己琢磨，不如静下心来倾听他人的经验和建议。这样，我们不仅可以避免走弯路，还可以更快地领悟生活的真谛和人生的智慧。

因此，当你遇到那些有经验、有智慧的人时，不妨多听听他们的故事和建议。或许你会发现，他们的这番话，比你之前读到或学到的任何东西都要有价值。

请记住这句谚语："听君一席话，胜读十年书。"在你的人生旅程中，不要忘记去了解他人的智慧和经验，这将为你带来意想不到的收获和成长。

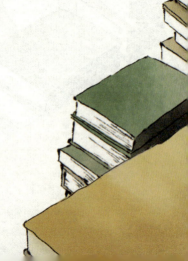

好记性比不上烂笔头

好记性比不上烂笔头

"好记性比不上烂笔头。"这句话的意思是，即使你有极好的记忆力，也不如用笔记录下来更可靠、更有效。

在古代，有一位书生。他聪明过人，记忆力超群，被人们誉为"神童"。无论读什么书，他几乎能一字不落地背诵下来。然而，在科举考试中，他却屡试不中。

原来，虽然他记忆力很好，但有个坏习惯，就是不愿意用笔记录。他总是相信自己的记忆力足够好，不需要做笔记。结果，在考试时，他常常因为记错或遗漏一些细节而失分。

后来，他认识到了自己的错误，开始养成做笔记的习惯。把读到的知识、听到的故事、自己的感悟都记录下来。这样，即使他的记忆有时不完整，也有记录可供参考。最终，他在科举考试中金榜题名，成为一名杰出的官员。

这个故事诠释了"好记性比不上烂笔头"的智慧。在我们的人生旅程中，我们可能会遇到很多重要的信息、灵感和想法。如果我们只是依赖自己的记忆力，很容易遗忘或记错。如果我们用笔记录下来，不仅可以确保信息的准确性，还可以随时回顾和整理。

因此，无论你有多么好的记忆力，都应该养成做笔记的习惯。一支笔、一张纸，就可以帮助你记录下生命中的点点滴滴。

井淘三遍吃甜水
人从三师武艺高

019

井淘三遍吃甜水，人从三师武艺高

在中国大地上，流传着这样一句谚语："井淘三遍吃甜水，人从三师武艺高。"这句话如同一盏明灯，照亮了我们前行的道路，提醒我们无论在生活中还是在学习上，只有不断提炼、不断学习，才能获得真正的智慧和技艺。

故事要从一个叫大山的青年说起。他从小对书法有着浓厚的兴趣，每当看到村里的老先生挥毫泼墨，他都羡慕不已。于是，他下定决心要成为一名书法家。然而，尽管大山十分努力，但他的书法始终不得要领，进步缓慢。

一天，大山听说县城里有一位书法大师要举办展览，便兴冲冲地赶去参观。在那里，他被大师的书法深深吸引，每一笔、每一画都充满了力量和韵味。他心中暗自感叹："这才是真正的书法啊！"展览结束后，大山鼓起勇气向大师请教。大师笑着对他说："学习书法不是一朝一夕的事，需要不断地练习和领悟。同时，也要多看、多想、多学。"

大师的话让大山豁然开朗。他开始虚心向大师请教，并参加了大师开设的书法班。在学习过程中，大山结识了许多志同道合的朋友。他们互相切磋，共同进步。经过一段时间的学习和实践，大山的书法技艺有了明显的提高。

这个故事诠释了"井淘三遍吃甜水，人从三师武艺高"的智慧。只有不断学习、不断提炼，我们才能取得真正的进步。在我们的人生旅程中，不妨多向他人请教、多学习新的知识和技能。这样，我们才能不断提升自己的能力和技艺，走向更加美好的未来。

千招要会
一招要好

021

千招要会，一招要好

在中国武术文化中，有一句经典话语："千招要会，一招要好。"这句话意味着，作为一个武者，虽然需要掌握多种招式，但真正能让你立足的，是那一招练至炉火纯青的绝技。

传说在古代有一位武林高手，名叫李飞。他自幼习武，经过多年的勤奋练习，掌握了许多武术招式，包括剑法、掌法、腿法等，被人们誉为"千招大师"。然而，李飞明白，真正让他在江湖上立足的是他最精通的"穿云箭"。这一招式他反复练习，不断琢磨，最终达到了出神入化的境地。每当他使出这一招时，对手往往无法抵挡，败下阵来。

这个故事诠释了"千招要会，一招要好"的智慧。在我们的人生旅程中，我们可能会学习各种知识和技能，但真正能让我们脱颖而出的，是我们练至炉火纯青的技能。

因此，无论在学习还是工作中，我们都需要广泛地学习各种知识和技能，不断地拓展自己的视野和才能。同时，我们也要找到那一项真正适合自己的技能，不断地深入学习和实践，将其练至炉火纯青的境地。只有这样，我们才能在激烈的竞争中脱颖而出，成为真正的佼佼者。

千股易学

一窍难通

千般易学，一窍难通

在中国的谚语中，有一句令人深思的话："千般易学，一窍难通。"这句话像一座明亮的灯塔，照亮了我们前行的道路，提醒我们生活中的一个重要道理。

人生就像一场马拉松，我们每个人都在赛道上奋力奔跑。我们不断学习新的技能，积累新的知识，希望能在比赛中取得更好的成绩。然而，尽管我们可以轻易地学会许多东西，但真正让我们脱颖而出的，往往是那些难以掌握的"一窍"。

让我们以一位年轻的音乐家为例。他从小就展现出惊人的音乐天赋，无论是钢琴、小提琴还是吉他，他都能迅速上手。他的父母为他请了最好的老师，他也努力地练习。然而，当他与一位资深音乐家同台演出时，他发现自己虽然能演奏很多曲子，但在音乐的深度和情感上却远远不及。这使他意识到，他需要找到那"一窍"。

于是，他开始深入研究音乐理论，探索各种音乐风格和作曲家的生平。他不再仅仅满足于表面的技巧，而是深入到音乐的灵魂中去感受每一个音符。渐渐地，他的演奏开始有了新的生命。他的音乐不仅吸引了听众的耳朵，更触动了他们的心灵。

这个故事诠释了"千般易学，一窍难通"的智慧。在我们的人生旅程中，我们可能会学习各种知识和技能，但真正难以掌握的，往往是那些看不见、摸不着的内在本质。这些本质可能是对事物的深刻理解、对人生的独特感悟、对自我的认知和成长等。

因此，无论在学习还是工作中，我们都需要懂得"千般易学，一窍难通"的道理。在追求知识和技能的同时，更要注重对内在本质的领悟和提升。只有这样，我们才能掌握人生的精髓，成为真正的成功者。

艺多不压身

艺多不压身

在中国传统文化中，有一句广为流传的谚语："艺多不压身。"这句话告诉我们，掌握多种技能和艺术并不会成为我们的负担，反而会为我们的生活增添色彩。

有一位名叫张生的年轻人，他自幼聪明好学，尤其对琴棋书画有着浓厚的兴趣。然而，他的家族希望他专注于家族的生意，认为艺术只是闲暇之余的消遣。张生的父母担心他沉迷于艺术，会荒废家族的生意。

但张生坚信"艺多不压身"，他认为艺术和家族生意并不矛盾，反而可以为家族带来更多的机会和价值。

于是，张生在经营家族生意的同时，积极展示自己的艺术才华。他经常在商业场合演奏琴曲，与客户建立深厚的情感联系。他的书法和绘画作品也受到市场的欢迎，为家族带来了可观的收入。

不仅如此，张生还利用艺术才能结交了许多志同道合的朋友。这些朋友在生意上为他提供了许多宝贵的建议和机会，帮助他在商界取得了更大的成功。

这个故事诠释了"艺多不压身"的智慧。在当今社会，拥有多种技能和特长已成为一种趋势。这些技能和特长不仅可以帮助我们更好地应对生活中的挑战，还能为我们带来更多的机会和可能性。

因此，无论你擅长什么，只要感兴趣，就大胆追求吧！不要担心它会成为负担，相反，它会成为你人生中宝贵的财富。

第二章

求知益智：

生活是知识的源泉，知识是生活的明灯

——激活心中的无尽宝藏

凡事要好
须问三老

凡事要好，须问三老

"凡事要好，须问三老。"这句话出自《增广贤文》。它蕴含了一个深刻的道理：一个人想要在社会上取得成就，就需要虚心向长辈、向有经验的人请教。

在中国古代，尊重长辈、向有经验的人请教被视为一种传统美德。人们相信，年长者经历了人生风雨，积累了丰富的生活经验，他们的建议和教诲往往能让人受益匪浅。因此，"问三老"不仅是一种礼貌，更是一种智慧。

有一个故事，讲述一个年轻人想要学习种田，他虽勤奋努力，但因为缺乏经验，总是种不好庄稼。于是，他向村里的三位老农请教。三位老农分别给了他不同的建议：第一位建议他选种要慎重；第二位告诉他要深耕土地；第三位则强调要适时播种。

年轻人虚心听取了这些建议，并付诸实践。结果，那一年的庄稼大丰收，他也成为村里的种田能手。这个故事充分证明了"凡事要好，须问三老"的智慧。

在当今社会，虽然科技发展迅速，但人与人之间的交流和互动仍然至关重要。我们应该保持谦虚，尊重长辈和有经验的人，从他们身上学习宝贵的经验。同时，"问三老"的精神也是我们追求事业成功、人生幸福的重要法宝。

不懂裝懂
一世飯桶

不懂装懂，一世饭桶

在中国古代，有一位学者李生，他总是喜欢在人们面前炫耀自己的学问，即使对某些事物一知半解，也总装作十分了解。他的口头禅是："这个我懂。"

有一天，李生来到一山上，看到一位老农正在挖红薯。他走上前，摆出一副专家的架势，说："我看你挖的红薯，就知道你对红薯的种植技术一无所知。"

老农笑了笑，说："种红薯是我的饭碗，我已经种了几十年的红薯。也许我无法说出有关红薯的所有知识，但我懂得如何种出最好红薯。"

李生不屑地说："你只会埋头种红薯，哪里知道其中的学问。"

老农反问："那你懂怎么种红薯吗？"

李生得意地说："我当然知道。种红薯要选择肥沃的土地，施肥要适当。"

老农摇头叹气："你只懂皮毛，却自以为掌握了全部。其实，你连种红薯的皮毛都不懂。"

时光荏苒，李生仍旧到处炫耀自己，却始终没有意识到自己的无知。他的人生就像一个空洞的饭桶，一无所有。

这个故事告诉我们：做人要谦虚低调，不要不懂装懂。只有不断学习、积累，才能拥有真正的智慧。

不怕学问浅
就怕志气短

不怕学问浅，就怕志气短

"不怕学问浅，就怕志气短。"这句话鼓励人们即使学问不深，也不能失去对知识的追求和探索。这不仅是一种治学的态度，更是一种对人生的态度。

现实中，有些人虽然学问不深，却有着坚定的志向和决心，通过不断地学习和探索，最终取得了令人瞩目的成就。比如孔子，并非天赋异禀，但他凭借勤奋和执着，不断地学习、思考、实践，最终创立了儒家学派，成为中国传统文化的代表人物之一。

同样，历史上的许多英雄人物也凭借着非凡的志气和毅力，成就了不朽的功业。比如岳飞，他出身于普通农民家庭。年轻时，响应朝廷号召，弃农从军。他怀着精忠报国的坚定信念，在抗金斗争中屡建奇功。最终，他成为传颂至今的爱国将领。

这些人的成功，不是因为他们学问深，而是因为他们拥有坚定的志气和毅力。他们不怕困难和挫折，始终保持着对知识的热爱和追求。正是这种精神，让他们在人生的道路上越走越远，最终取得了辉煌的成就。

若得惊人艺，须下苦功夫

"若得惊人艺，须下苦功夫"，这句话简单明了，却蕴含着深厚的哲理。它告诉我们，若想在某个领域达到惊人的高度，就必须付出相应的努力和汗水。这不仅是对技艺的追求，更是一种人生态度。

在中国的历史长河中，这样的例子不胜枚举。愚公移山的故事家喻户晓。愚公虽年迈，但他下定决心要移开阻挡他们通行的两座大山。他带领家人，一镐一镐地挖，一簸箕一簸箕地抬。日复一日，年复一年，他的努力感动了上天，最终山被移走了。这个故事告诉我们，只要有足够的毅力和决心，再大的困难也能被克服。

再比如书法家王羲之，他的书法被誉为"矫若游龙，翩若惊鸿"。然而，这背后是他无数日夜的勤学苦练。据说，他经常不停地练习写字，一坐就是一整天。正是因为这种努力和坚持，他才能在书法艺术上达到如此高的境界。

这些人的成功，都是因为他们明白一个道理："若得惊人艺，须下苦功夫。"他们不怕困难，不畏艰辛，一心一意地追求自己的目标。正是这种信念，让他们在人生的道路上越走越远，最终取得了辉煌的成就。

常说口里顺

常做手不笨

常说口里顺，常做手不笨

"常说口里顺，常做手不笨"的意思是经常说一些话，经常做一些事情就能够使自己的语言和行为更加流畅、自然。这句话告诉我们，要想在语言和行为上表现得更加出色，就需要不断地练习和实践。

在中国历史上，有许多人物的故事诠释了这一道理。战国时期的纵横家苏秦，通过不断地学习和实践，成为战国时期最著名的纵横家之一。他凭借自己的口才和智慧，化解了各种危机和矛盾，为国家和人民谋求了利益。

京剧表演艺术家梅兰芳也是如此，他通过长期的练习和实践，将京剧表演艺术推向了炉火纯青的境界，并开创了许多新的表演形式和风格，为中国戏曲艺术的发展作出了杰出的贡献。

"常说口里顺，常做手不笨"，不仅是一种对技能的追求，更是一种人生态度。它告诉我们，成功需要持之以恒的努力和实践，而非一蹴而就。面对挫折和磨难，我们需要足够的毅力和决心，通过不断地练习和实践，克服困难，最终实现自己的目标。

头回上当，二回心亮

人生如同一场旅行，每个人都是旅行者。在这个旅途中，我们会遇到各种各样的挑战和困难，有时甚至会走入死胡同，让我们感到迷茫和无助。但是，正是这些挑战和困难，让我们更加成熟和睿智。

有一句俗语说得好："头回上当，二回心亮。"第一次面对某个问题或者难关时，我们可能会毫无头绪，手足无措。我们可能会盲目地尝试各种方法，但结果往往不尽如人意。这就是所谓的"上当"。然而，正是这些失败和挫折，让我们看清了问题的本质，也让我们学会了如何应对类似的情况。

当我们再次面对同样的问题时，就不会再像第一次那样迷茫和无助。我们已经从过去的经验中吸取了教训，明白了问题的关键所在。这就是所谓的"心亮"。我们能够更加冷静地分析问题，更加准确地判断形势，从而找到更好的解决方案。

在人生的旅途中，我们每个人都需要不断学习和成长。我们需要从每一次的经历中吸取教训，不断提高自己的认知水平和应对能力。只有这样，我们才能在面对困难和挑战时变得更加从容和自信。

因此，"头回上当，二回心亮"，这句话告诉我们，面对困难和挑战时，不要害怕失败和挫折。相反，我们应该勇敢地迎接挑战，从中吸取教训，不断提高自己的能力。只有这样，我们才能在人生的旅途中不断前进，最终实现自己的梦想和目标。

饿出来的聪明
穷出来的智慧

饿出来的聪明，穷出来的智慧

"饿出来的聪明，穷出来的智慧"，这是一句富有哲理的俗语，蕴含着丰富的人生经验。这句话的意思是，在饥饿和贫穷的环境中，人们会变得更加聪明和睿智。因为这样的环境迫使他们必须想方设法地解决问题，以求生存。

在中国历史上，有许多人物的故事诠释了这一主题。孔子曾说："贫而无谄，富而无骄。"这句话的意思是，即使贫穷也不要失去尊严和骨气，即使富有也不要骄傲自大。它体现了孔子对于贫穷和富有的深刻见解，也启示我们如何在不同的环境中保持聪明和智慧。

"饿出来的聪明，穷出来的智慧"并不仅仅是一种经验之谈，更是一种人生态度。在面对困难和挑战时，我们不能放弃思考和努力。相反，我们应该像饥饿的人寻找食物一样，积极寻找解决问题的方法。同时，我们也应该像贫穷的人一样，珍惜每一个机会，努力提升自己的能力和智慧。

在现代社会中，虽然饥饿和贫穷的环境已经大大减少，但这一主题仍然具有现实意义。面对竞争激烈的职场和社会环境，我们需要不断地学习和思考，提高自己的能力和智慧。只有这样，我们才能在竞争中立于不败之地。

黑发不知勤学早
白首方悔读书迟

黑发不知勤学早，白首方悔读书迟

"黑发不知勤学早，白首方悔读书迟"，这句充满智慧的诗句，出自唐代颜真卿的《劝学诗》。它以简洁的语言，道出了学习的真谛，告诫我们要珍惜时光，发奋学习。

"黑发不知勤学早"，是说年轻时，我们拥有无限的活力和潜力，正是学习知识的黄金时期。然而，往往在这个时候，我们却不懂得珍惜时光，错失了充实自己的良机。

而"白首方悔读书迟"，则是对那些到老年才后悔没有趁年轻时好好读书的人的警示。有些人，年轻时贪图玩乐，等到年老时，面对着时日无多的生命，才悔恨自己当初没有把握住时光。

在中国历史上，有许多名人的故事都印证了这句诗的智慧。比如苏洵，他年少时贪玩不羁，直到二十七岁才知勤学，发奋读书。最终，他成为唐宋八大家之一，其作品和思想都对中国文化产生了深远的影响。

再比如曾国藩，他曾在家书中劝诫弟弟们要珍惜时光，发奋读书。他说："吾人只有进德、修业两事靠得住。进德，则孝悌仁义是也；修业，则诗文作字是也。"这段话正是对"黑发不知勤学早，白首方悔读书迟"的最好诠释。

这些故事告诉我们，学习是终身的事业。无论何时何地，我们都应该珍惜时光，勤奋学习。只有这样，我们才能在人生的道路上不断前进，实现自己的梦想和目标。

天才出于勤奋

天才出于勤奋

"天才出于勤奋",这句话告诉我们,即便是天资聪颖的人,也需要通过不懈的努力和勤奋的实践,才能取得真正的成功。

在中国古代,许多杰出的人物都是凭借勤奋努力才取得了辉煌成就。孔子秉持着"敏而好学,不耻下问"的态度,终生勤奋学习,最终成为伟大的思想家和教育家。墨子也是一位勤奋刻苦的学者,他一生致力于学术研究和推广,最终成为杰出的哲学家和思想家。

不仅在中国,世界各地也有许多天才人物通过勤奋努力取得了卓越的成就。例如,爱迪生被认为是"天才发明家",但他的成功并非一蹴而就。他从小就勤奋好学,孜孜不倦地探索科学知识。经过无数次的试验和失败,最终他发明了可持续发光的电灯泡、留声机等,这些发明改变了我们的世界。

这些人物的故事告诉我们,"天才出于勤奋"并非空洞的口号,而是实实在在的人生经验。即使是天赋异禀的人,也需要付出艰辛的努力和不懈的追求,才能在各个领域取得卓越的成就。

在现代社会,我们更应该将这句话铭记在心。无论在学习、工作还是生活中,我们都应该秉持着勤奋努力的态度,积极面对挑战和困难。只有这样,我们才能在激烈的竞争中脱颖而出,实现自己的人生价值。

第三章

事理规律：

风不来树不动；船不摇水不浑

——掌握规律，从容人生

强将手下无弱兵

"强将手下无弱兵"，这句俗语源自中国古代的兵法思想，同时也是对人生经验的高度概括。它强调，优秀的领导者在选拔和培养人才方面有着极高的标准，因而他们的团队自然也更加出色。

中国古代军事家孙子曾经说过："千军易得，一将难求。"说明一位出色的将领极为宝贵，他们能够引领士兵走向胜利。以岳飞为例，作为南宋时期的杰出将领，他培养了一支忠诚勇猛的岳家军，为南宋立下了赫赫战功。这正是因为岳飞对士兵的严格选拔和精心培养，才有了他手下"无弱兵"的局面。

在世界范围内，也有很多例子可以证明"强将手下无弱兵"。例如，拿破仑手下的军队曾经征服了大半个欧洲。拿破仑非常注重士兵的选拔和训练，他的标准极高，只为他的军队选拔最优秀的人才。这些士兵在拿破仑的领导下，逐渐成长为具有强大战斗力的精英。

这个道理在当今社会同样适用。无论是企业还是团队，都需要出色的领导者来引领和培养。只有这样，团队才能不断进步，取得更好的成绩。

因此，"强将手下无弱兵"不仅仅是一种领导理念，更是一种人生经验。它告诉我们，只有不断提高自己的标准，努力成为更加优秀的人或领导者，才能吸引和培养出同样优秀的人才。只有这样，我们才能在人生的道路上不断前进，实现自己的梦想和目标。

辅车相依
唇亡齿寒

辅车相依，唇亡齿寒

　　"辅车相依，唇亡齿寒"，这句蕴含着智慧的格言，像一盏明灯，照亮了我们前行的道路。它告诫我们，要认识到相互依存、共同发展的重要性。

　　在历史的长河中，这句格言的影子比比皆是。春秋时期，齐桓公在管仲的辅佐下，终于登上了霸主之位。管仲曾言："君如枝，民如叶，叶落则枝不存。"这正是"辅车相依"的形象描述。没有齐桓公的包容与信任，没有管仲的智谋与付出，便不会有齐国的繁荣昌盛。

　　在现代社会中，这一道理依然具有深远的意义。无论是个人职业发展，还是企业的经营管理，都需要我们具备合作的意识。一个团队的成功，不仅依赖个人的才华，更在于团队成员间的默契配合与共同努力。正如古人所言："独木不成林，单弦难成音。"只有相互支持、共同进步，才能取得更大的成功。

　　总之，"辅车相依，唇亡齿寒"是古人留给我们的宝贵智慧。在人生的旅途中，我们应当牢记这一道理，学会在合作中求发展，在依存中求进步。只有这样，我们才能在时代的浪潮中立于不败之地，书写属于自己的辉煌篇章。

行得春风

必有夏雨

行得春风，必有夏雨

成功学中有一个重要的定律，叫付出定律：只要你有所付出，就一定会得到相应的回报。如果你觉得回报太少，那可能是因为付出不够多；如果你想要得到更多，就必须付出更多。

"行得春风，必有夏雨"是一句民谚。春风，指偏东南方向的风。夏雨，一般指梅雨。谚语的意思是，春季偏东南风较多的年份，夏季梅雨一般也较多。它的大意是有所施必有所报。

一个人要想得到回报，就必须先付出。没有付出，哪里来的回报？就如同人们常说的"一分耕耘，一分收获"。我们知道，农民在秋季收获沉甸甸的谷物之前，必定要经历春天播种的忙碌和夏季灌溉的辛劳。

在人与人之间的交往中，我们也应该遵循"行得春风，必有夏雨"的定律，即"投之以桃，报之以李"。一个人平时怎样对待别人，付出了多少，别人也会怎样对待他，回报多少。人与人之间是相互影响、相互制约的关系。如果一个人只想着回报，一味地衡量付出，一旦回报得不到满足，就愤愤不平，那么这样的生活还有什么乐趣可言？人与人之间还有什么温情可言？

冰凍三尺

非一日之寒

冰冻三尺，非一日之寒

"冰冻三尺，非一日之寒"，这句谚语指出事物发展是一个长期积累的过程。它蕴含着中国古代哲学的智慧，也是对人生经验的重要总结。

在中国的历史上，许多事例可以作为这句谚语的佐证。西晋文学家左思，其名篇《三都赋》据传耗费了整整十年心血。为了把《三都赋》写好，他日夜构思，每个细节都精益求精。为了能够及时把自己的灵感记下来，他走到哪里都带着笔墨纸砚，一想到有什么好的句子，就立马记录下来。

历经十载寒暑，左思终于完成了《三都赋》。《三都赋》辞藻华美、文笔畅快，无论内容还是形式，都具有了较高的艺术水准。文章一经问世，洛阳都城为之轰动，文人骚客竞相传抄，以致纸张供不应求，纸价飞涨，这也是"洛阳纸贵"的典故，左思也因此名动天下。

在现代社会，道理同样如此。一个企业家的成功并不是一蹴而就的。他可能需要多年的努力和积累，才会有今天的成就。在这个过程中，他可能遭遇无数挫折，但他始终坚持自己的信念和目标，不断学习、总结经验、改进方法，最终走向成功。

在个人成长的过程中，"冰冻三尺，非一日之寒"的道理同样适用。无论是学习一门新技能，还是培养一个好习惯，或是实现一个远大的目标，都需要长期的坚持和努力。没有持之以恒的付出，就不可能有收获的一天。

"冰冻三尺，非一日之寒"这句谚语提醒我们，任何事物的形成和发展都需要一个长期的过程。在这个过程中，我们需要耐心和毅力，不断积累和努力。只有这样，我们才能在人生的道路上越走越远，最终实现自己的目标。

好钢要
用在刀刃上

好钢要用在刀刃上

在中国古代，钢铁是非常珍贵的资源，而刀剑则是当时战争中必不可少的兵器。为了制造出最锋利的刀剑，人们将钢铁这种珍贵的材料用在刀刃上，使其发挥出最大的效能。这就是"好钢要用在刀刃上"的意义所在。

在现代社会中，"好钢要用在刀刃上"的道理依然具有重要意义。无论是在学习、工作还是生活中，我们都应该把最优秀、最宝贵的资源用在最关键、最重要的地方。比如在学习中，我们应该把有限的和优质的资源投入到最需要提升的科目上；在工作中，我们应该把最优秀的人才和资源用在最重要的任务上；在生活中，我们应该把最宝贵的时间和精力倾注在最珍贵的家人和朋友身上。只有这样，我们才能收获更好的成果。

国际上，也有很多成功的案例诠释了这种智慧。比如美国著名的企业家史蒂夫·乔布斯，他将苹果公司的各种资源集中在设计和创新上，不断推出具有影响力的产品，最终使苹果公司成为全球最有价值的品牌之一。

我们的时间和精力都是有限的，不可能把所有的事情都做到最好，但我们一定可以把其中的一件事做到极致。心无旁骛地做一件事，往往更容易成功。

掌握这一原则，我们就能带领自己离开困难的泥沼，从而走向成功。

第四章

准则培养：

人伴贤良智转高

——品质生活来自良好的准则

百人百姓
各人各性

百人百姓，各人各性

　　"百人百姓，各人各性"，这句话简短而富有深意，揭示了人性的复杂多样性。每个人都是独一无二的，有着自己独特的性格和行为方式。这个观点不仅是中国古代思想家们的智慧结晶，也是现代心理学和社会学研究的核心主题。

　　孔子在与弟子们讨论人性时，提出了"性相近也，习相远也"的观点。他认为，每个人生来都有相似的本性，但在成长过程中，由于环境、教育和个人选择的影响，人们的性格会逐渐产生差异。因此，他强调要尊重每个人的个性，因材施教，发挥每个人的长处。

　　"百人百姓，各人各性"，提醒我们在人际交往中要尊重和包容他人的不同。每个人都有自己的特点和优点，我们要学会欣赏和借鉴别人的长处，而不是一味地批评和排斥。同时，我们也要接纳自己的不完美，努力发扬自己的优点，成为更好的自己。

喝惯了的水
说惯了的嘴

喝惯了的水，说惯了的嘴

南北朝时期，名将贺若敦因为多言招致杀身之祸。临死前，他将儿子贺若弼的舌头刺出血，以此告诫儿子一定要谨言慎行。没想到贺若弼没有谨遵父亲教诲，也因言语不慎而死。父子二人英勇善战，没战死沙场，却死于自己的舌头。

正如老人所言"喝惯了的水，说惯了的嘴"，祸从口出，一定要谨言慎行，不要给自己造成不必要的麻烦，影响自己的大好前程。这句话如同人生警句，提醒我们如何做人做事。它源自古代的谚语，也与现代心理学中的"习惯的力量"理论相呼应。

这句谚语提醒我们，习惯一旦形成，就会变成一种惯性力量，影响着我们的行为和思维。它就像我们日复一日喝的水，虽然平淡无奇，却是生活中不可或缺的一部分。我们对习惯的依赖，就像对水的依赖。

在中国古代，有一则寓言叫《守株待兔》。故事中的农夫因为偶然的机会得到了一只撞死在树上的兔子，之后便放弃耕种，整天守在树旁等待下一只兔子的出现。这个故事中的农夫就是对意外之财产生了习惯性依赖，从而失去了应有的理智和判断。

还有另外一则类似的寓言《狼来了》。放羊的小孩因为多次欺骗村民，当狼真的出现时，却没人相信他的呼救。这也是一种习惯性思维导致的悲剧。

这两则寓言都充分诠释了"喝惯了的水，说惯了的嘴"的含义。它们告诉我们，习惯性的思维和行为虽然可以让我们在熟悉的环境中游刃有余，但也可能让我们失去探索新事物的勇气和智慧。因此，我们需要时刻警惕自己习惯性的思维和行为，勇于尝试新事物，挑战自我。只有这样，我们才能在人生的道路上不断成长和进步。

兔子不吃窝边草

兔子不吃窝边草

在一个炎热的夏日，一位农夫带着雇工在烈日下辛勤劳作。天热，大家都感到口渴难耐。刚好农夫自家的园子旁边就是邻居家的梨园。树上结满了诱人的梨，一起干活的雇工提议摘几个梨吃解解渴，农夫听了之后，摇摇头，说："不可以的，我们要是摘了邻居的梨，邻居肯定知道是我们摘的。兔子都不吃窝边草。"有人问他："邻居知道了有什么关系，邻里之间吃几个梨，怕什么？"农夫回答说："不是自己的梨，岂能乱摘！如果我们现在摘了人家的梨，那以后他们岂不是也可以随便摘我们地里的东西？"雇工听了感到非常惭愧。

"兔子不吃窝边草"，这是一种自我保护意识。试想，如果兔子将窝边的青草都吃光了，自己的窝就会暴露在其他猎食者的视线中，这对自己来说不是很危险吗？

"兔子不吃窝边草"提醒我们，在待人接物的时候要提高防范意识，不要不经思考就随意相信他人。同时，这句话也告诫我们，在处理人际关系时，应保持一定的距离和分寸，避免在身边的人或事物上动手脚。俗话说，"远亲不如近邻"，平时邻里之间互相帮忙，许多麻烦事也就解决了。但如果一个人不检点，总是对自己的邻居刻薄，那么等到自己需要别人帮忙的时候，别人也懒得管了。

习惯成自然

习惯成自然

有这样一句话："习惯成自然。"在我们的日常生活中，"习惯"不仅仅是一个普通的语言名词，它实际上已经成为我们在这个世界的生存法则。良好的习惯可以使我们拒绝平庸，走向成功；相反，坏的习惯却能将我们淹没在平庸的洪流中，再也找寻不见。

在现实生活中，习惯无处不在，它影响着我们的思维方式和行为模式。我们每天的生活大部分都受习惯支配。毕竟，出于某种思维定式，对于一些经常见的事物或行为，我们只需靠习惯去理解判断，并不会出现多大的偏差。那么，我们何必再费神思考呢？习惯可以成就未来，也可以摧毁未来。"习惯成自然"，每个人或多或少都有自己独特的习惯。在众多的习惯中，我们要摒弃那些不良习惯，保留那些好习惯。

正如著名教育家乌申斯基所说："良好的习惯乃是人在其神经系统中存放的道德资本，这个资本不断地在增值，而人在其整个一生都享受着它的利息。"

今日事
今日毕

今日事，今日毕

在很多情况下，一些人能够取得成功，正是因为养成了立即行动的好习惯，从而始终站在前列；而另一些人则习惯拖延，直到最后一刻才匆忙应对，结果往往被甩到后面。

如果当天的事情没有及时完成，那就成了拖延。拖延不仅无法取得成果，精神也不会轻松。要做的事堆积在心头，既不着手去做，又不能不做，就像欠债似的让人感到压力。

在日常生活中，有些人虽然并不忙碌，却喜欢拖延。该做的事虽然想到了，他们却懒得立刻着手，心里想着："等一下再做吧！"可是，之后他们可能就忘了，或者时机已过，失去做的意义了。

如果想要提高做事效率，最好是"今日事，今日毕"。养成了这样的习惯之后，你就会发现工作变得轻松起来，问题能够随手解决，事务能够即刻办妥。这种爽快的感觉，会使你觉得生活充实、心情愉快。

拖延的习惯不仅耽误了工作的进度，而且在精神上也是一种负担。事情未能随到随做，又不敢忘，这种状态比多做事情更加让人疲累。

做事要有始有终，这不仅能让我们产生强大的责任感，还能赋予我们坚强的毅力和恒心，使我们在今后的工作和生活中立于不败之地。

有礼
走遍天下

有"礼"走遍天下

老子认为，有道德的人就像水一样。水有三种特征：一是能滋润万物；二是本性柔弱，顺其自然而不争；三是积蓄流注于低下之处。

水施与万物，才使得世界欣欣向荣，所以它博爱而不求回报。水流向最低处，所以它谦逊有礼。水性柔弱，能在外物的规矩下成方成圆。人若是能效仿水这种不争不斗的品质，就能产生有利于万物的效果，万物也自然有利于你，这样就能深得成功之道。

谦逊有礼永远是一个人成功的基本素养。不论我们从事何种职业，处于何种社会层面，只有谦逊有礼，才能在人生的道路上少一些挫折，多一份帮助，从而勇往直前，不受世间无谓的琐事所拖累，达到"上善若水"的境界。

历史上也不乏这样的人。例如，诸葛亮有治国治军的才能，他济世爱民、谦虚谨慎的品格为后世所景仰。历代君臣、民众都从不同的角度称赞他、歌颂他、爱戴他。

"礼"的重要性不仅体现在古代的礼节中，在现代人的日常生活中也时刻体现着。白石老人曾赠送梅兰芳《雪中送炭图》并题诗：

曾见前朝享太平，

布衣疏食动公卿。

而今沦落长安市，

幸有梅郎识姓名。

正因为梅兰芳以弟子之礼对待齐白石，并经常为其磨墨，全不因自己是名人而倨傲。名人尚且如此，我们平凡之人更不能忽视"礼"。"礼"其实也是一种生活态度，你用积极的态度对待它，就能得到幸福。"礼"也是人际交往中的一种相互的法则，你不付出，也不会得到回报。

第五章

待人接物：

滴水之恩，当涌泉相报

——做人中学做事，做事中学做人

主雅客来勤

主雅客来勤

《红楼梦》中有这样一段对话。有一天，贾雨村去贾宝玉家做客，席间提出想要见一见贾宝玉。于是老爷就差人去叫贾宝玉。因为来贾府的客人常常希望能与贾宝玉见上一面，这些俗事让贾宝玉心中很是不快，贾雨村这次的到访同样让宝玉心中好不自在。宝玉一面蹬着靴子，一面抱怨道："有老爷和他坐着就罢了，回回定要见我。"史湘云一边摇着扇子，笑道："自然你能会宾接客，老爷才叫你出去呢。"宝玉道："那里是老爷，都是他自己要请我去见的。"湘云笑道："主雅客来勤。自然你有些警他的好处，他才只要会你。"

古人也说："人和天地阔，主雅客来勤。"说的就是做人和待客之道。"人和天地阔"，表示主人家与人相处之道，意思是为人和善，注重和谐，能与客人和平相处，宽容待人。而"主雅客来勤"则强调主人气节高雅、品德高尚、文雅大方，对待客人热情周到，那么不用自己到处宣扬，自然就可以吸引各方宾客前来结交。

战国时期，齐国的相国孟尝君就是一个雅士，他广交天下贤士，共同商讨强国富民的政策。因其名声而前去投奔他的门客最多的时候有三千多人。在那个战乱频仍的年代，凭借这些门客的出谋划策，孟尝君在齐国当相国，没有受到丝毫的祸患。

孔子说："有朋自远方来，不亦乐乎？"这句话的意思是，有志同道合的朋友自远方而来，不是件很高兴的事情吗？每当有客人前来拜访的时候，作为主人应该以诚相待，真诚地接待客人，这样客人一定会心情愉悦，也愿意再来拜访。长此以往，主人就能够结交到很多朋友。以诚相待最重要的一点就是在人际交往中学会尊重。尊重是待客最起码的礼貌，只有这样，才能获得别人的尊重，才能使别人有强烈的意愿与你交往。如果没有了尊重，即使是勤来的客人，最后也会离你而去。

大恩不谢
大德不酬

077

大恩不谢，大德不酬

俗话说："滴水之恩，当涌泉相报。""赠人玫瑰，手留余香；受人玫瑰，心怀感恩。"这些俗语都告诉我们要永怀一颗感恩之心，知恩图报，这样我们的社会才能更加和谐。

三国时期的诸葛亮，为了报答刘备的三顾之恩，殚精竭虑，终生为蜀国奔波劳碌。刘备去世后，他又忠心辅佐后主刘禅，为汉室统一大业四处征战，最后病逝于五丈原，其感恩之心为世人所赞叹。

小恩小惠或许可以通过金钱、时间或简单的一句"谢谢"来报答，但大的恩情却是无论如何也偿还不清的，可能需要用一生的时间来偿还，用一生的时间去感恩。所以老人们常说："大恩不谢，大德不酬。"别人对你的恩情深似海，唯有用纯真的心灵去铭记，才真正对得起给予你恩惠的人。

"滴水之恩，当涌泉相报。"困难时给予他人的一滴水，犹如干涸沙漠中的一泓清泉，于绝境中赋予希望。而"涌泉相报"绝非简单的礼尚往来，而是铭记于心的深情。即便恩情已报，也不会相忘，情谊将永远延续。

那么为什么大恩反而不言谢呢？因为无法谢，也就是说用"谢"字根本无法表达那种感激之情，只能以其他方式来报答别人的恩情。所以准确地说，应该是"大恩言报不言谢"。比如"士为知己者死"，就是古代表达大恩不言谢的方式。

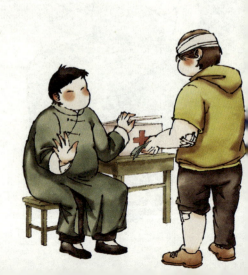

好借好还
再借不难

好借好还，再借不难

民间有句俗话："好借好还，再借不难。"说的就是借人钱物，只要按期归还，以后再借就不会遭到拒绝。在日常生活中，每个人难免会遇到一些困难，有些时候可能需要向亲朋好友借一些钱来渡过难关。如果能够及时还钱，对方下次还会愿意把钱借给你，不仅不会感到压力，反而会心情愉悦。这种行为还能促进双方的相互信任和支持，甚至增进彼此的感情。

放眼世界，那些真正能够做大、做强，拥有数十年甚至上百年历史的大企业，都是靠诚信发展起来的。无论做什么事情，不要总想着要手段、投机取巧、急功近利，或者总计较一些鸡毛蒜皮的事情。只有踏踏实实地以诚信为本，才能作出一番事业。

老不拘礼
病不拘礼

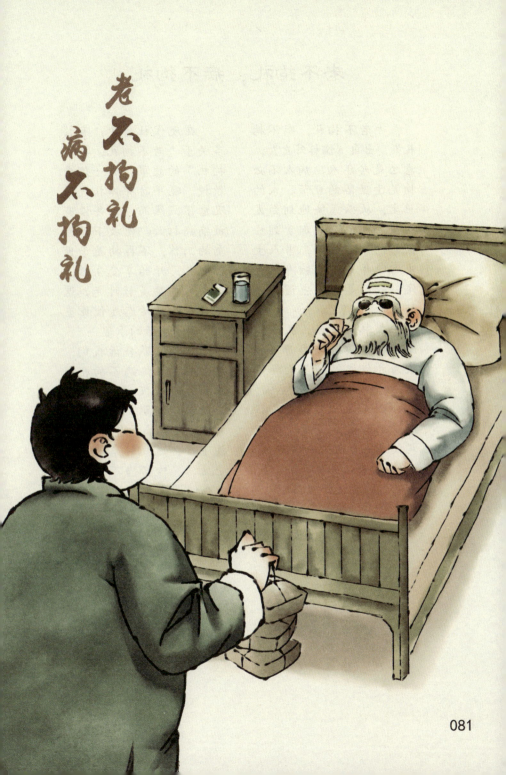

老不拘礼，病不拘礼

"老不拘礼，病不拘礼"，出自《儒林外史》，意思是老年人、病人不必拘泥于世俗的礼节。人的一生，从呱呱坠地到白发苍苍，每个阶段都受到礼仪的约束。然而，当人生步入晚年或疾病缠身的时候，我们是否还应该恪守繁文缛节呢？

在中国古代，孔子提倡"礼之用，和为贵"，认为礼仪能够调节人际关系，使社会保持和谐。然而，当一个人步入老年或疾病缠身的时候，过度地强调礼仪或许会成为一种负担。此时，放开心态，享受生活，不必过分拘泥于世俗之礼，或许更为明智。

在现代社会中，有许多关于"老不拘礼，病不拘礼"的故事。有一位老教授，晚年时身体状况每况愈下，然而，他并没有被病痛打败。他放下了繁重的工作，不再拘泥于世俗之礼，开始享受生活，与家人共度美好时光。这种自在的生活态度使他重新找回了生活的乐趣。

这个故事告诉我们，"老不拘礼，病不拘礼"并非否定礼仪，而是对生活的深刻理解。当我们步入晚年或疾病缠身的时候，放下世俗之礼的束缚，享受生活、珍惜当下，也许是我们最应该做的事情。

礼多人不怪

礼多人不怪

民间有一句耳熟能详的话"见人先作揖，礼多人不怪"。"见人先作揖"，是对他人表示尊重的一种方式，除非是不正常的人，否则几乎没有人不愿意被尊重。"礼多人不怪"指对人多行礼仪，对方通常不会怪罪，表示礼节是不可或缺的。只要不是惺惺作态，只要不是繁文缛节，人们应该多多知礼，这也是提升个人的品德和修养的重要途径。一个人只有懂礼、知礼、行礼，才更容易得到他人的认可和尊重，从而可以更好地拉近人与人之间的距离，为未来的合作创造有利条件。反之，如果我们不注重这些细节，可能会引起别人的反感，甚至导致关系恶化。

刚刚步入社会或进入职场的人，很多时候都会求助于人。遵守必要的礼节，可以使他人对你刮目相看，使工作更加顺利。

还有一句话："己所不欲，勿施于人。"每个人都不愿意被别人在背后说三道四。所以，我们要时刻注意自己的言行，做到言语得体，不该说的千万不要乱说。

此外，无论是在亲戚朋友之间、同事之间，还是陌生人之间，大家每天都有交集。温和友善的态度、恭敬有礼的言行、得体大方的行为，都会让彼此之间的沟通更加顺畅，往往能达到事半功倍的效果。

正所谓行合于礼，"有礼走遍天下，无礼寸步难行"，这些是古人留给我们的智慧，也是永恒不变的真理。因此，无论在工作还是生活中，无论是与人交往还是求人办事，我们一定要记得"礼多人不怪"。

前欠未清，免开尊口

我们在生活中难免会遇到"手头紧"的窘境，这时如果亲戚或朋友帮助了我们，借给我们钱，解了燃眉之急，我们会心存感激。人与人之间的关系往往就是这样，你现在帮了我，当你需要帮助的时候我也会帮你。但是社会上有一些人，借钱不还，破坏了信誉。若是这样的人以后再向别人借钱，别人一定会送他一句"免开尊口"。

人生活在社会中，永远也无法脱离世俗和现实的牵绊。向别人借钱或者借钱给别人，最大的危险并不是钱的得失，而在于可能永远失去了情意。

成大事者
不拘小节

成大事者不拘小节

纵观历史，古往今来的成功者都有一些共同的特点：有长远的眼光，对事物发展有敏锐的洞察能力和预见能力。这使得他们在工作中能够抓住重点，从全局和整体着眼，而不会在一些无关原则的小事上投入太多精力，以致陷入其中。所以俗话说"成大事者不计私仇"，或者说"成大事者不拘小节"，说的就是这些成功者的特点。

这里说的"成大事者"，是指通过努力逐步实现自身价值和远大理想的人。"小节"是指与目标无关的、非原则性的细枝末节，但需要注意的是，这里的"小节"不等于"细节"。有这样一句话："大行不顾细谨，大礼不辞小让。"意思是

做大事就不必太多地顾虑细枝末节，行大礼不必计较小的谦让。那么要想成功也应如此，应当在处理各种问题的时候立足长远，善于取舍，方能成就大事。

一个人的精力和时间是有限的，若太拘于小节，事事计较、事事关心，将精力和时间过度分散在一些非原则的琐事之上，就会局限我们的视野，消耗我们的时间和精力，荒废真正重要的事业，必然对"成大事"产生严重的阻碍作用。试问，若一个人终日为琐事焦头烂额，拘泥其中难以自拔，又如何能成大事呢？因此，从时间和精力层面看，拘小节者难成大事，成大事者必须不拘小节。

处世篇

第一章

世态人情：

人情似纸张张薄，世事如棋局局新

——洞察世故，掌握主动权

多个朋友多条路，多个冤家多堵墙

常言道："多个朋友多条路，多个冤家多堵墙。"人活在世界上，有一个敌人不算少，有一百个朋友不算多。所以，要带着尊重的心理原谅别人，消除他人心中的戒备，既让别人对自己有好感，又让自己对别人有所帮助。这样，你就有很多朋友，很少有敌人。人与人之间，只要矛盾还没有发展到你死我活的地步，总是可以化解的。

有哲人曾说："使你的朋友不致成为仇人，而使你的仇人却成为朋友。"放宽眼界，收起报复的心态，以一种大度宽容的方式对待周围的人，即便不能使其都成为朋友，也能避免其站到自己的对立面去。

作家霍姆兹曾经说过："为朋友死并不难，难在有一个值得为之而死的朋友。"人不能没有朋友，但是，芸芸众生选谁为友，需要慎重。一个拥有真正朋友的人，比亿万富翁更富有——即使再多的金钱也不能改变这一事实。

朋友多了路好走，足见朋友的重要性。但是有时候滥交朋友等于自找麻烦。滥交朋友容易交到损友，损友之于我们有百害而无一益。所以，朋友可以广交而不可滥交。

择友宜贤
待人宜宽

095

择友宜贤，诗人宜宽

在选择朋友时，我们要与那些乐观向上、富于进取心、品格高尚和有才能的人交往，这样才能保证自己拥有一个良好的生活环境，获得好的精神食粮以及朋友的真诚帮助。这正是孔子所说的"无友不如己者"的意思。

相反，如果你择友不慎，恰恰结交了那些思想消极、品格低下、行为恶劣的人，你会陷入这种恶劣的环境难以自拔，甚至受到"恶友"的连累。

择贤友首先是要懂得自尊自爱，因为一个人如果不自尊，便无法尊敬别人。"近朱者赤，近墨者黑。"假使我们所结交的朋友都是自尊自爱的人，相信大家都会互相尊重的。

此外，应多与身心健全的人交往，因为这样不仅可以使自己得到尊重，而且也可以促进自己的身心健康，提高品德修养。

在我们的日常工作中，有自尊心且身心健康的人不仅能在工作岗位上尽职尽责，而且也能在人生前进的过程中，享受到真正的乐趣。如果我们是这样的人，一定能够很轻易地分辨出别人是否和自己具有同样的性格。

我们的一生大部分时间都在工作中度过，所以，同事的作用无处不在。无论是志同道合的，还是意见相左的，都会对自己的思想和言行产生一定的影响。如果能以健康的心态来面对同事，那你就可以依靠他们来取长补短，完善自我。同时，也能让自己的生活变得更加充实。办公室有时候就像是一个战场，同事们都像战友，大家有着相同的目标。但能不能依靠他们和他们并肩作战，关键还在于你的心态是否健康。

其实，对待朋友应该择贤而交，以宽和的心态互相交往，方为交友之道。

人多计谋广

柴多火焰高

人多计谋广，柴多火焰高

"一根筷子容易折，十根筷子折不断""人心齐，泰山移""团结就是力量"，这些话经常在我们耳边拂过。如果想办成一件事或者办好一个企业，没有向心力是不行的。只有把众人的力量拧成一股绳，才能克服种种困难，看到光明的前景。

团结协作是不可或缺的。尽管人人都希望自己能够超越他人，而事实上每个人的成功都离不开他人的协作。要想取得成功，就要改变自己的思维方式，摒弃不愿与人合作的狭隘观念。

如今，公司在招聘员工的时候，大多会将"具备团队合作能力"列为重要条件。可见，员工的团结协作对于公司的运作至关重要。作为员工，不要刻意与其他同事拉开距离，否则会让自己在公司中处于孤立无援的境地。一旦在工作中需要他人配合才能完成任务时，劣势就会显现出来，结果可想而知。

当前，社会化的分工越来越精细，我们大多数人只能专注于某一部分的工作。要想在工作中取得良好的成绩，就需要他人的配合与协调，才能顺利完成任务。条件之一就是努力与其他人建立良好的合作关系，让自己与他人的联系牢固、畅通。

我们的工作会涉及与同事、客户等不同角色的人产生联系。而不同角色的人也会给我们的合作、沟通带来困难，这就迫使我们找到与不同的人相处的契合点。其实，看似错综复杂的关系也并非无从着手。只要秉持以诚待人、团结协作的原则，就能应对各种人际关系。只要我们与人相处时遵循这个原则，职场上的人际关系处理起来就会相对轻松。

岁寒知松柏
患难见交情

岁寒知松柏，患难见交情

每个人都离不开友谊，但要获得真正的友谊并不容易，需要用忠诚去播种，用热情去灌溉，用原则去培养。

常说"人生得一知己足矣"！其实，能与你患难与共的朋友才是人生的知己，才是真正的朋友。患难中见真情，只有在困境中支持你的人，才能成为你真正的朋友。古今中外关于朋友的定义都惊人一致。

朋友之间应坦诚相待，患难与共。常说患难见真情，当你遭遇困难时，能够伸手拉你一把、给你帮助、让你渡过难关的人，才是真正的朋友。你们也会因此结下深厚的友谊。这样的朋友是难能可贵的，我们必须给予足够的真诚和信任。真诚是朋友相处的基本原则，对于患难与共的朋友更应该坦诚相待。

那些不能共患难的人绝不是真正的朋友。真正的朋友就像雨中的一把伞，雪中的一捧炭，总会在我们苦难交加的时候伸出援手。

远亲不如近邻
近邻不抵对门

101

远亲不如近邻，近邻不抵对门

常言道："远亲不如近邻，近邻不抵对门。"和谐的邻里关系也是良好家风的一部分。

与邻居和睦相处可以说是我们中华民族的优秀传统，也有很多家喻户晓的故事。清代"六尺巷"的故事就是礼让待邻、促进邻里和谐的美谈。

清朝康熙年间，当朝大学士张英的家人打算扩建与邻居吴家相邻的府宅。吴家盖房欲占张家隙地，两家互不相让。张家就给远在京城的张英写信，请他出面干涉。张英对家人倚官欺人的做法很不满意，就写了一首诗作为回信："千里修书只为墙，让他三尺又何妨？万里长城今犹在，不见当年秦始皇。"意思是说：你千里迢迢写来家书，原来就是为了一面墙的事情。就让别人三尺的地方又会怎样呢？你看万里长城今天还在，但是修建长城的秦始皇早已作古。人生短暂，何必为这种小事情争执，伤了和气呢？家人看到信后深受感化，按照张英的意思后退三尺筑墙。吴家一看，也深受感动，同样后退了三尺。于是在张、吴两家之间便让出了一条方便乡邻的六尺小巷。于是就有市井歌谣："争一争，行不通；让一让，六尺巷。""六尺巷"的故事从此成为和谐邻里关系的美谈。

远亲不如近邻，这话一点不假。好邻居对我们生活的重要性，相信大多数人都深有体会，也从中受益。与邻居友好相处，也是我们生活中必修的功课。

名童好题诗

103

名重好题诗

所谓"英雄天下晓，名重好题诗"。一个人或者一家企业的知名度对自身的发展有着非常重要的作用。

名人和名声是一种资源，古今皆然，在商品社会中，它们的价值得到了极大的利用。

利用别人的前提是不损害别人的利益，并在此基础上让自己的利益最大化，双赢才是两全其美的最佳选择。

很多人不想打造个人的知名度，其中一个很重要的原因是他们认为影响力品牌打造只局限于社会名流或那些在全国或世界范围内知名的人，像政治家或明星。其实这种想法是不正确的。个人知名度的打造适用于任何一个阶层，人人都需要打造自己的知名度，扩大自己的影响力。

知名度是提升个人或者一个企业、一个品牌价值的重要前提。若想显现自己的分量，扩大自己的影响力，需从修炼自身做起。

取敌之长
补己之短

105

取敌之长，补己之短

以宽容的态度对待敌人，在利用敌人的过程中获得利益，这比敌意十足地对抗更为明智。敌人并非一无是处，学会利用敌人，在与敌人合作的过程中，有的敌人可能成为你的朋友，带给你有益的帮助。

应该学会利用敌人，从敌人那里吸取自己需要的经验。向敌人学习，可以减少自己探索的风险；向敌人学习，还能发现对手的不足，以较小的付出获取较大的利益；向敌人学习，更有利于审视自我，扬长避短，发挥优势。

必须了解对手的竞争实力、竞争方法和竞争策略，增强竞争的应变能力。根据竞争需要，不断调整应对战术，力求随机应变。只有这样，才能运筹帷幄，决胜千里。

谦谦如玉
铮铮若铁

107

谦谦如玉，铮铮若铁

孟子继承并发展了孔子的儒家思想以及中国文化中的哲学观念。和孔子的文化思想一样，孟子思想也成为从古至今受人尊重的思想体系。孟子的出现，为温良恭俭让的儒家思想注入一股阳刚之气，儒家思想从此刚柔相济，进退自如：上可以辅君王，下可以安黎民；进可以兼济天下，退可以独善其身。它既有"铁马冰河入梦来"的壮烈，又有"闲花落地听无声"的静谧。

而铮铮汉子就像一棵青松，傲立于风雪中。他们敢于仗义执言，绝不妥协；不苟且，不油滑，不世故，不屈不挠。他们有志气，有勇气，有骨气，有胆有识。他们立世一尘不染，对人一片冰心，虽一箪食、一瓢饮，却敢于担当一切苦难。

正如古诗《白梅》所云："冰雪林中著此身，不同桃李混芳尘。忽然一夜清香发，散作乾坤万里春。"

谦谦君子与铮铮汉子，作为两种人格特征，是不可比的。无论做到哪一点，都可以让人心生敬佩。而最能体现两者区别的当属鲁迅和胡适，这两位中国现代文学史上的大家。

生活瞬息万变，若想成就普通人的平安与幸福，只修谦谦君子之人格，或者钟爱一身铮铮铁骨，最终都很难如意。所以为人还需讲究方圆之道：修铮铮汉子的一身正气，心中方方正正，处世有底线，为人讲原则；取谦谦君子的圆融为人，左右逢源，在熙熙攘攘的人世间游刃有余地自在穿行。

信人不如信己，恃人不如自恃

因为别人的劝阻而放弃自己的兴趣是一件很可悲的事。在余下的生命中，你将不会再有激情四射的精彩表现。

兴趣永远是人生最好的老师。如果你喜欢自己所从事的工作，工作的时间也许很长，但丝毫不觉得这是一种折磨，反而是一种享受。

听从兴趣的引导，你就能找到最适合自己的事情。不要因为别人的劝阻就放弃自己的爱好，勉强自己从事一份毫无兴趣的工作，那样永远也不可能成功。

每一个从事自己无限热爱的工作的人，都有可能取得成功。而一个人在选择职业时最大的悲剧，就是从未发现自己真正想做些什么。所以很多人在开始时野心勃勃，充满玫瑰色的梦想，但到了四十岁以后，却一事无成，痛苦沮丧，甚至精神崩溃。事实上，很多人花在选购一件穿几年就会破的衣服上的心思，都远比选择一份关系将来命运的工作要多得多。他们往往不能听从自己的内心，不了解自己的兴趣，而是依据别人的评判做出事业的选择，最终一事无成。

在追求事业的过程中，许多有天分的人因为盲从别人的评判，而最终过着与自己的心愿大相径庭的生活。放弃自己喜欢的职业，轻则失去了让自己更臻完美的机会，重则危及自己的心灵，让自己痛苦一生。在选择职业时，一定要记住：绝不要为了迎合别人的喜好，去选择适合别人的工作或生活目标。否则，那将是失败和不幸的开始。

做自己喜欢做的事，让别人去说吧。不管是从事何种行业的人，都必须认识自己的潜能，确信自己所能够干成什么，否则就很可能会埋没自己的才能。知道自己能成为什么样的人，不仅能帮助个人实现目标，更重要的是有助于真正了解自己，从而设计出合理、可行的职业生涯发展方向。在激烈竞争的时代，只有掌握个人的竞争优势，才能把握稍纵即逝的机会，发挥个人的兴趣爱好，最终实现预定的目标。

人见利而不见害
鱼见食而不见钩

111

人见利而不见害，鱼见食而不见钩

"人见利而不见害，鱼见食而不见钩"，这句充满智慧的俗语告诫我们：在追求利益时，不能忽视潜在的风险。正如古人云："祸兮福所倚，福兮祸所伏。"世间万物皆有两面，利与害相依相存，而我们往往只看到利益，忽视了潜在的危害。

在中国古代，有一位名叫范蠡的智者。他曾辅佐越王勾践打败吴国，功成名就。然而，他深知功高震主之危，为了避免"狡兔死，走狗烹"的命运，他选择放弃权位，隐居经商。他善于捕捉商机，最终成为一代富商。而他之所以能够功成身退，正是因为他明白"人见利而不见害"的道理。

在国外，也有许多故事诠释了这一道理。比如，《伊索寓言》中的"狐狸与葡萄"。狐狸见到高挂在藤蔓上的葡萄，心中暗喜，奋力跳跃想要摘取。然而，它屡不成功，最终只能放弃。狐狸在追求利益时，只看到甜美的葡萄，却忽视了藤蔓的阻力和自身能力的不足。这个故事告诫我们：在追求利益时，要理智分析利害关系，切勿盲目冲动。

通过上述故事可知，"人见利而不见害，鱼见食而不见钩"并非让我们放弃追求，而是提醒我们要理智看待利益与危害的关系。在追求利益时，我们要保持清醒的头脑，认真分析利害得失，避免盲目冲动。只有这样，我们才能在人生的道路上走得更远、更稳健。

挫锐解纷
和光同尘

113

挫锐解纷，和光同尘

人生在世，如果仅仅坚持"众人皆浊我独清，众人皆醉我独醒"的清高自傲，恐怕换来的只会是屈原式的含恨离世，或是文人式的抑郁不得志。同流世俗而不合污，周旋尘境而不流俗，才是最明智的选择。

《老子》云："挫其锐，解其纷，和其光，同其尘。"字面的意思便是去掉锋芒，消除纠纷，含敛光耀，混目尘世。

冲虚自然，永远不盈不满，来而不拒，去而不留，除故纳新，流存无碍而长流不息，这样才能真正做到挫锐解纷，和光同尘。凡是有太过尖锐、呆滞不化的心念，便须顿挫而使之平息；倘有纷纭扰乱、纠缠不清的思绪，也必须解脱斩断。保持内心冲而不盈、和合自然的光景，与世俗同流而不合污，周旋于尘境有无之间，却不流俗，混迹尘境，同时仍保持着自身的光华。

就像泥中莲花，挫锐解纷，和光同尘，一切了然于胸，世事尽收眼底。看透了富贵名利，自然能够长久屹立。

常善人者
人必善之

115

常善人者，人必善之

一个善行必会衍生出另一个善行，而后终会招来善报。

在看到需要帮助的人时，本能地伸出援手的人，当自己遭遇困难时，通常也会适时地得到援助。

我们相信，好人有好报。心怀善意，积善行德，终将收获美好的结果。

一个人偶尔做好事不难，难的是一辈子做好事。这种精神激励并影响着一代代国人。"学习雷锋好榜样"是一个永恒的主题。好人好报，不仅是中国传统文化的重要体现，也是人们内心深处的期望。

身轻失天下
自重方存身

117

身轻失天下，自重方存身

一个人要傲然矗立于天地间，首先必须自重。《老子》言："是以圣人终日行而不离辎重。"这句话并非简单指旅途之中一定要有所承重，而是指要学习大地负重载物的精神。

大地负载，生生不已，终日运行不息而毫无怨言，也不向万物索取任何代价。生而为人，应效法大地，有为世人众生肩负起一切痛苦重担的意愿，不可一日失却这种负重致远的责任心。这便是"是以圣人终日行而不离辎重"的本意。

志在圣贤的人们，始终要戒慎畏惧，随时随地存着济世救人的责任感。倘使能做到功在天下、万民载德，自然荣光无限。道家哲学看透了"重为轻根，静为躁君"和"祸者福之所倚，福者祸之所伏"的自然演变的法则，所以才提出"虽有荣观，燕处超然"的告诫。

虽然处在"荣观"之中，依然恬淡虚无，不改本来的素朴；虽然安处于荣华富贵之中，依然超然物外，不以功名富贵而累其心。能够达到此境界，方为真正悟道之士。奈何世上少有人及，老子感叹："奈何万乘之主，而以身轻天下。"

人们若不能自知修身涵养的重要性，就会犯不知自重的错误，不择手段，只图眼前攫取功利。这不但轻易失去了天下，更戕害自身，犯下大错。

吃水不忘掘井人

吃水不忘掘井人

人在接受恩惠的时候，会感受到温暖和力量；人在施予恩惠的时候，则会收获内心的愉悦和安慰。在这个循环中，个人的价值和情感都得到了传递和复刻，从而实现价值倍增，双向受益。常怀感恩之心是一种高尚的道德境界，是人生最大的财富，是事业成功的源泉，也是传递人间真爱最质朴的方式。

感恩那些曾经向你伸出援手的人吧！我们常说知恩图报，感恩并不难，难的是报恩。或许时机未到、条件有限、能力不足，但只要有一颗报恩的心，对方也会感受到那份温暖。

人类的世界因诸多情感而充满真实的感动，而有一种感动最令人动容，那就是报恩。报恩是人类甚至动物都懂得的情感。它的意义不仅在于给恩人心灵上的慰藉，更在于为社会注入一股温暖的力量，让彼此戒备而冰冻的心渐渐融化。

与其苦求环境
不如改变自己

121

与其苛求环境，不如改变自己

任何人都不可能离开环境而生存。当无法改变环境时，只有改变自己，努力去适应环境。那些因为适应不了环境而惨遭淘汰的人，往往是弱者。

有一句老话："事必如此，别无选择。"这几个字令人心痛，却是不得不承认的真实处境。人的一生，总有一些事情，并非心甘情愿，却也无可奈何。正如每一条所走过的路都有其不得不跋涉的理由，每一条未来的路也有其不得不选择的方向。逆来顺受是一种无奈，却也是人生的必修课。

面对生命的起伏不定与阴晴圆缺，有人依然能够活得精彩。有人能从磨砺中汲取智慧，有人则在类似的环境中受伤屈服，成功者和普通人的差别就在于此。

适应环境的能力是必不可少的。只有从容地适应环境，才能在不断变化的环境中保持旺盛的精力，迎接挑战。

所谓"适者生存"，适应环境至关重要。如果你想坦然地面对急剧变化的环境，就需要与现实环境保持良好的接触，以客观的态度面对现实，冷静地判断事实，理性地处理问题，并随时调整，保持良好的适应状态。

在我们的人生中，总有一些事情虽非自愿，却也无可奈何。有生之年，我们势必会有许多不愉快的经历，它们是无法逃避的，也是无法选择的。我们只能接受不可避免的现实，努力做出自我调整。

当我们不再与不可改变的现实抗争时，就会有更多精力去开创更丰富的人生。

求人须求大丈夫
济人须济急时无

求人须求大丈夫，济人须济急时无

人们常说"济人须济急时无，救人急难等于救己"，这句话讲的是一个人活在这个世界上，不可能没有求人的时候，也不可能没有助人之时。在别人困难的时候我们帮助了别人，其实也是在帮助自己。

帮助别人是一种精神的传递，只要你真心帮助别人，你自己也同样能得到帮助。因为爱心是无限循环的，帮别人等于帮自己。一个小小的恩惠，一声简单的问候，哪怕平时看似微不足道的小事，都是对他人的鼓舞。我们是否在别人需要牛奶的时候做到了施以爱心呢？

人们常说"救人一命，胜造七级浮屠"。这说明，帮助别人是一件很伟大的事情。其实，何止救人性命能造功德？生活中我们给予别人的每一份帮助、每一份关怀都是功德。在别人需要帮助的时候，只要真诚地伸出援手，就是一件功德。

在我们看来，有时给予别人的或许只是微不足道的帮助，但对于受助者来说，却无异于天降甘露，甜美万分。被帮助的人会将这份恩惠铭记于心。也许在未来的某个时间，当我们自己需要帮助的时候，他人会以数倍甚至数百倍的回报回馈给我们。

第二章

做人哲学：

谦则能和，傲则易怒

——高标做事，低调做人

害人之心不可有
防人之心不可无

害人之心不可有，防人之心不可无

朋友之间相互欣赏，偶尔说几句赞美的话是常有的事。但是那些经常用好听的话恭维你的人，往往心怀不轨，对此一定要小心，否则可能会在不经意之间被其所伤。须知，明辨别人的恭维，才能躲过明枪暗箭的攻击。

每个人都爱听恭维话，这是人的共性，也是弱点。听到别人的赞美与恭维，许多人会沾沾自喜，甚至会飘飘然。然而，许多人只顾自我陶醉，却没有弄清对方赞美的真正含义。发自内心的真诚赞美是敬佩之情的自然流露，对此要表示真心的感谢；无关痛痒的客套话则可一笑了之；而那些裹着糖衣、别有用心的恭维，背后往往隐藏着不可告人的目的，对此一定要辨识清楚，以免被笑容背后的毒刺所伤。

人贵有自知之明，对于他人的赞美，我们要有清醒的分辨能力，不要被虚伪的客套话所迷惑。当别人赞美自己的时候，切不可只开放自己的耳朵却关闭理智的大脑。别人的恭维只是绽放的焰火，当焰火熄灭的时候，我们的心要归于平静。只有铸就抵御花言巧语的盾牌，才能不被别有用心的人利用。

大千世界，鱼龙混杂，不管你是否愿意面对，世上总有一些居心叵测的人。他们就像潜伏在你身边的定时炸弹，随时都可能将你置于险境。因为破坏一件事比做好一件事容易得多。你把一匙酒倒进一桶污水，得到的是一桶污水；你把一匙污水倒进一桶酒，得到的还是一桶污水。当你全力以赴成就事业时，更要时刻警惕这些居心不良的人。

做人不能没有提防之心。虽然害人之心不可有，但防人之心却不可无。对于那些突然对你百般热情的人要多加防备，对于那些原本并不十分亲密却对你献殷勤的人，更要小心谨慎。

谎言败坏真君子

129

谗言败坏真君子

"谗言败坏真君子"，这句谚语出自《增广贤文》。它提醒我们，恶意的流言蜚语能够毁掉一个真正的君子。在生活中，我们常常会遇到那些出于嫉妒、恶意或无知而散播流言蜚语的人。这些恶言恶语，往往会给被攻击的人带来严重的伤害。

"谗言败坏真君子"并不是让我们闭口不言，而是提醒我们要谨慎说话。与人交往时，我们要保持清醒的头脑，认真分辨真假是非。同时，我们也要学会保护自己，避免被恶意攻击。只有这样，我们才能在人生的道路上走得更远、更稳健。

生气不如争气，翻脸不如翻身

哲学家曾说："生气是拿别人的错误惩罚自己。"在日常生活中，每个人遇到各种问题，比如工作上的、家庭中的，谁都不敢说自己一辈子不会遇到任何问题。当我们因为这些问题反复地折磨自己时，为什么不试着绕开它们，做个聪明人，善待自己呢？

愚蠢的人只会一味生气，而聪明的人则会考虑如何去争气。世上没有过不去的火焰山，何必拿着别人的错误来惩罚自己呢？与其生气，不如把时间和精力用在自己的工作、学习和事业上，拓宽自己的知识领域，让自己变得更加睿智、更有实力。生气没有用，只有争气，才是唯一的出路。

当自己不如人时，当面翻脸、发泄怒火只会自取其辱。懂得适时妥协、暗中发力，才是求胜之道。当遭遇欺辱时，是生气对自己有利，还是忍下这口气对自己更有利？是翻脸有利，还是适时妥协对自己更有利？答案不言自明。当然，不能为妥协而妥协，要在妥协时不忘积极进取，最终一鸣惊人，赢得他人的尊重。

学会低头
才能出头

学会低头，才能出头

低调做人既是一种处世哲学，也是一种处世姿态，更是一种理智的人生选择。

一般而言，生而高贵的人只占人群中极小的一部分，绝大多数人都是普通人。

"欲做尊贵人，先做卑微事"，此俗语就是说那些原本就尊贵的人，要做到名副其实，就不能看轻自己所做的"卑微之事"，也不能鄙夷做"卑微之事"的人。真正的尊贵之人是不惜做"卑微之事"的。

1917年1月4日，一辆四轮马车驶入北京大学的校门，徐徐穿过校园内的马路。这时，早有两排工友恭恭敬敬地站在两侧，向刚刚被任命为北大校长的蔡元培先生鞠躬致敬。只见新校长缓缓走下马车，摘下礼帽，向这些校园杂工们鞠躬回礼。

在场的人都惊呆了，这在北京大学可是从未有过的事情。当时的北大是一所等级森严的官办大学，校长享受内阁大臣的待遇，从来不会把工友放在眼里。然而，今天这位新校长是却与众不同。

像蔡元培这样地位显赫的人向身份"卑微"的工友行礼，在当时的北大乃至中国都是罕见的现象。但这是否让蔡元培先生变得"卑微"了呢？并没有。恰恰相反，他为北大树立起一面如何做人的旗帜。

从蔡元培的所作所为可以看出，他是一位谦虚低调的人，也是一位值得尊敬和学习的人。都说人往高处走，水往低处流。由卑微到尊贵，是一个人走向成功、通往卓越的正向逻辑。因此，开始时的卑微并不是低贱和耻辱，而是抵达尊贵的必要过程。

弓硬弦常断

人强祸必随

弓硬弦常断，人强祸必随

刚闯入社会、开始工作的我们，年轻气盛，雄心勃勃，容易好大喜功。在工作中，稍微取得一点功绩，便雄心万丈、得意扬扬，甚至在别人面前炫耀。然而，炫耀的背后往往是"满招损"，骄傲通常都是招致灾难的祸根。

"弓硬弦常断，人强祸必随"，这句谚语以弓和弦比喻，强调了过度的强硬和强势所带来的祸患。这不仅是警世之言，更是对人生经验的深刻总结。

在中国历史上，项羽是一位英勇无比的统领，他的强势和威猛无人能敌。然而，正是他的强势和过度自信，最终导致了他的失败。当面临困境时，他拒绝了谋士的建议，坚持自己的强硬立场，最终导致了无法挽回的后果。

"弓硬弦常断，人强祸必随"并非让我们变得软弱无力，而是提醒我们要适度展现自己的力量，避免过度的强势和自大。在人生的道路上，我们要学会审时度势，根据实际情况做出明智的决策。同时，我们也要学会谦逊和自省，不断修正自己的错误和不足。只有这样，我们才能在人生的道路上走得更远、更稳健。

自傲者往往是偏见者，狭隘的眼光只看到自己的长处和别人的短处，用长处跟别人的短处比，自然会产生优越感。这种缺乏自知之明的优越感，正是葬送前程的罪魁祸首。

做人需不以才傲人，不以宠作威。"弓硬弦常断，人强祸必随"，任何时候都不要自视高人一等。

人非圣贤
孰能无过

人非圣贤，孰能无过

古语云："人非圣贤，孰能无过。"每个人都会犯错误，自从呱呱坠地起，我们在一次次错误中成长，也在一次次错误中品味人生。但犯错并非永恒，我们要学会纠正失误，切勿将错就错。

人生允许出现错误。犯错不可怕，可怕的是不知道错在哪里。今天有了过错，如果没有反省，明天还会再犯。若能及时反省，找出犯错的缘由并立即改正，那么以后就不会再犯类似的过错。

对待错误的正确态度应该是：及时从中吸取教训，总结经验，亡羊补牢，将功补过，而不是过多地自我责备。英国有句谚语"不要为打翻的牛奶而哭泣"，意即为已经无法挽回的损失而哭泣只会浪费好心情。聪明人会反省错误，吸取教训，然后忘掉不幸，以更大的劲头和更热忱的心态去弥补损失，而不是过多地自责。

一个人要学会充分认识自己，不要因一点挫折或困难就退缩。要在意识到自身缺陷的同时，正确地评价自己，在顽强中抗争。不因缺憾而气馁，而是勇敢地承认自己有所不及，甚至学会把缺点转化为发展的机会。

一个人有缺点、有过失是很平常的事。有缺点并不可怕，可怕的是不承认或者不敢承认缺点，没有正视缺点的勇气，不能坚持改正而半途而废，甚至讳疾忌医又明知故犯。只要我们正视缺点、发挥优点，总可以找到自己的位置、光源和声音。如此，缺点就会成为我们前进的动力，为我们提供广阔的进步空间，甚至成为亮点。

多做事
少抱怨

139

多做事，少抱怨

常听人说，无论干什么都要多做事，少抱怨。可是，在工作中，有很多人经常怨天尤人，却不从自身找原因。实际上，一个人只有从多方面寻找失败的原因，并有针对性地进行自省，才能真正纠错。

孔子曰："吾日三省吾身。"人要学会反省，善于从失败中寻找新的意义，这样失败才会变得有价值。

管理大师德鲁克强调，无论是个人还是企业，做任何事要将实际结果与预期目标进行比较，找出做得好的、不够的和需要舍弃的部分。对于做得好的，要继续发扬；不够的，要想办法改进；完全没有效果的，就要果断舍弃。只有不断地反省，才会不断地提升。一个人的进步能力、学习能力，往往体现在他的反省能力上。

有成就的人，往往将实干精神作为人生信条。因为他们深知，仅拥有天赋和想象力，而不去实践，成功是不会降临的。实干是展现一个人能力和实力的方式，也是成功的必经之路。

实干是摆脱霉运的方法，也是成功的阶梯。虽然有时候，聪明才智会给人错觉，让人以为勤奋和实干对有天赋的人来说是无用的，但这种想法是错误的。许多人就是在这种想法下止步不前。人们常常以为天才可以不费吹灰之力取得成功，甚至认为他们不需要刻苦和谨慎。这完全是一种谬论。被称为"股神"的巴菲特，在金融市场中所向披靡，但他也会犯错。他对股票市场始终心存敬畏，时刻关注着市场的变化，毫不懈怠。天赋赋予他聪颖的智慧和敏锐的洞察力，但他对事业全身心的投入，才成就了今日的股神。

虚怀若谷
谦恭自守

居功
不自
居

141

虚怀若谷，谦恭自守

谦恭自守是一种人生的大智慧。成功的人甘居下位、保持谦虚，这是很难得的。有了功劳而始终保持谦虚，这样的人会让他人真心佩服，自然受人敬爱。"居功而不自傲"、虚怀若谷、谦恭自守，不仅是美德，更是取得更大成功的保障。而"自满者败，自矜者愚"，当你开始觉得自己了不起，希望别人对你顶礼膜拜时，失败可能就悄然降临了。

因此，无论一个人有多丰富的知识、取得了多大的成就，还是拥有了显赫的地位，都要保持谦虚谨慎，不能自视过高。应心胸宽广，博采众长，不断丰富自己的知识，增强自己的本领，进而获得更大的成就。如此，于己、于人、于社会都有益处。

谦虚永远是成大事者需要具备的品质，而只有浅薄者才会为自己的成功自鸣得意。

世事本无完美
人生当有不足

世事本无完美，人生当有不足

完美，从古至今一直都是人类追求的目标。完美主义者往往既是自我反省的高手，也是挑剔别人的专家。当自己不能达到理想的完美高度时，他们容易自暴自弃，作茧自缚；当他人没有理想中那样完美时，他们又心怀不满，怨恨不已。完美主义就这样成为他们一生的枷锁。

人生重要的是能发现自己的价值，绽放自己的光芒。也许你并不富有，但健康的体魄能支持你去拼搏，开创事业。

世界本就不完美，人生也总有不足。对于每个人来说，不完美是客观存在的，无须怨天尤人。

不要用完美主义禁锢自己。缺陷和不足是人人都有的，但作为独立个体，你要相信自己有许多与众不同甚至优于他人的地方。你可以用自己特有的方式装点这个丰富多彩的世界。

没有人是完美无瑕的。其实，只要你放下那些堵在心口的缺陷和不足，不过分关注它们，它们就不会成为你的障碍。假如你能善于利用这些缺陷、不足，你依然可以是一个有价值的人。

不要用完美主义来强求自己。那些追求完美的人，在还没有认清自己的能力、兴趣之前，便一头栽进一个过高的目标里，每天感受着辛苦和疲惫。他们渴望获得他人的掌声和赞美，为此将自己推向完美的边界，凡事都要尽善尽美。久而久之，生活成了负担，工作也失去意义。

其实，只要你明白这世上没有什么是完美的，就不必设定荒谬的完美标准来为难自己。只要尽自己最大的努力去做好每件事，就已经是很大的成功了。

争辩于事无补

145

争辩于事无补

"争辩于事无补"，这句话告诫我们，无休止的争论和争吵并不能解决问题，反而会消耗我们的时间和精力，甚至导致事情的恶化。在生活中，我们会遇到各种各样的人和事，而争辩往往是其中最无益的方式。

有一个关于项羽和刘邦的民间故事。项羽是一个强势的人，他总认为自己的观点正确，而别人的都是错误的。当他与刘邦相遇，两人经常发生争辩。然而，项羽的争辩及刚愎自用，让他失去人心。最终，项羽失败了，而刘邦成为胜利者。这个故事告诉我们，争辩并不能解决问题，反而会让自己陷入困境。

然而，"争辩于事无补"并不是让我们放弃表达自己的观点，而是提醒我们要理智地看待问题，避免陷入无休止的争吵。在与人交往时，我们要学会倾听和理解他人的观点，尊重不同的意见。只有这样，我们才能在人生的道路上走得更远、更稳健。

闻过则喜
知过则改

闻过则喜，知过则改

在日常生活中，人们难免会批评他人，也难免会遭受批评与攻击。重要的是，批评要讲究方式方法。自己尽可能给予别人鼓励而不是批评，即使需要批评，也应提出建设性的意见。面对别人的批评时，我们要吸取其中的合理成分，特殊情况则需区别对待。

其实，很多人在批评他人时往往是不经意的，还会强调："我这是对事不对人，也是为了你好。"但是，这并不能减轻批评对他人造成的伤害，也不能减少批评所带来的副作用。

还有些人似乎养成了动辄批评、指责他人的坏习惯，好像只有如此才足以显示自己的权威。一旦出现问题，他们首先想到的就是射出批评之箭，中伤他人："你怎么总是这样！说过你多少回了！"结果往往是伤害他人，或者引发对方的抵触，甚至自己反受伤害。

如果能以积极的心态接受批评，有则改之，无则加勉——那么我们不仅不会生气，也还能让对方感到被尊重，自己也能从中受益。

头要低
腰须挺

149

头要低，腰须挺

《道德经》中"高下相倾"四个字看似简单，却蕴含着深远的哲理。天地宇宙本在周圆旋转之中，一切崇高之物终有倾倒之时，复归于平。高与下，本就是相倾而自然归于平等的。即使不倾倒，在弧形的回旋中，高下也同归于一，此即佛法所言"是法平等，无有高下"。

我们背负着尊严，行走在高低不平、起伏不定的人生道路上，不仅要时刻提防四周的危险，还要提醒自己：头要低，腰须挺，谦卑做人，方显尊贵。

常人总以为人生向前才是进步与风光，而老子却告诉我们，谦下也是向上，谦下的人更尊贵、更风光。古人云"以退为进"，又说"万事无如退步好"。在功名富贵面前退让一步，何等安然自在；在人我是非面前忍耐三分，何等悠然自得。这种谦恭中的忍让才是真正的进步，这种脚踏实地的向前才至真至贵。

人生不能只往前直冲，有时退一步思量，所谓"回头是岸"，往往能豁然开朗。搞事业，应把握正确的方向，不能一味蛮干，也要有勇于回头的气魄。

关键在于位置的摆放，位置放得低，才能从容不迫，悟透世事沧桑。正如人们常说的，想要到达最高处，必须从最低处开始。

水至清则无鱼
人至察则无徒

水至清则无鱼，人至察则无徒

古人云："水至清则无鱼，人至察则无徒。"水太清，鱼无法生存；对人要求太严，自己就会失去朋友。这正是古人眼中与人相处的"中道"。水清当然好，但过于清澈，鱼就无法藏身。现实社会里，人能明察是非、分清善恶固然重要，但过分明察秋毫，对别人苛刻挑剔，就会变成一种对人求全责备的严苛挑剔，难以容人。

交友如此，做人亦是如此。生活中，如果你总是以严苛、挑剔的眼光看待周围，那么你看到的将是一个不完美的世界，自己也会陷入其中。而如果我们善待周围的一切，以宽容、欣赏的眼光看待这个世界，就会发现生活的环境其实很美好。

虽然每个人心目中对"应该"的定义各有不同，但我们对"应该"的追求是一致的。换言之，我们常以理想的眼光来看待他人，要求世界变得更好，这也容易让我们对他人、对世界产生失望。所以，对待世间的人和事，我们应保持客观公正的态度，既要看到他人的优点，也要包容和理解他人的不足。

"水至清则无鱼，人至察则无徒。"不妨心存厚道，多以宽容之心待人。君子和而不同，这样我们在交友与交际中也能更加游刃有余。

知足不辱
知止不殆

153

知足不辱，知止不殆

"知足不辱，知止不殆"，语出《道德经》。它告诫我们，知道满足，就不会受到屈辱；知道适可而止，就不会陷入危险。这是关于人生智慧的深刻道理，我们可以通过一些中外故事来进一步理解。

公仪休担任鲁相，特别喜欢吃鱼，鲁国人都争着把鲜鱼献给他，公仪休却拒绝接受。他的弟子劝他说："先生爱吃鱼，却不接受送鱼，这是为什么？"公仪休回答："正因为我喜欢吃鱼，所以才不能接受。如果接受了别人的鱼而因包庇他们被免去相位，今后即使再喜欢吃鱼，也不能享用凭自己能力所得到的鱼了。不接受别人的鱼就不会被罢免，那么我也能够长期靠俸禄买到鱼吃。"公仪休深知满足于自己的俸禄，不贪图额外的利益，就不会招致羞辱，

也不会陷入危险的境地，很好地诠释了"知足不辱，知止不殆"的含义。

《杀死一只知更鸟》中的小女孩斯科特，家境贫寒，但她从不抱怨，也不羡慕别人的财富和地位。她和家人过着简单而快乐的生活，保持着知足和感恩的心态。正是这种心态让她免受屈辱，也让她成为一个勇敢、善良的人。

这些故事告诉我们，"知足不辱，知止不殆"是一种人生智慧。它提醒我们要学会满足，懂得适可而止。当我们明确自己的需求和界限时，就能更好地掌控自己的生活和命运。我们不应被贪婪和虚荣所驱使，而应追求内心的平静和真正的幸福。只有这样，我们才能在人生的道路上走得更远、更稳健。

虚名是身外之物

猫味大赛
冠军

虚名是身外之物

人常说"虚名累人"。虚名或许能带来一时的心理满足感，但它本身毫无价值和意义。真正的有识之士，从不看重虚名。为了虚名而争斗，是世间诸多矛盾、冲突的根源，也是人生多烦恼和愁苦源头。历史上无数悲剧始于争名夺利，人们只看到了虚名表面的好处，却不知其背后隐藏着多少辛酸和苦难。为了这样一个毫无价值的虚名，人们常常钩心斗角，争得头破血流，朋友反目成仇，兄弟自相残杀。虚名之累，究竟有什么好处？

历史上有太多的例子值得我们警醒和反省，让我们回归正道。

项羽追求仁慈的虚名，鸿门宴上错失诛杀敌人的机会，最终落得乌江自刎的下场；宋襄公既要称霸，又要树立仁德的牌坊，两军阵前，念念不忘仁义，最终兵败如山倒。

虚名是心灵上的大包袱，它让人时刻感到沉重，让人失去自我，甚至失去他人的尊重。更危险的是，贪慕虚名可能成为对手的机会，到时受到的伤害将是无法估量的。

我们赤裸裸地来到这个世界，当以赤子之心走过这一生，清白于人间。既无声名，亦无功利，然而这也是一种至高的境界。先哲曾说："至人无己，神人无功，圣人无名。"确实如此。

君子周人之急

君子周人之急

谁都会有遇到困难的时候，而在关键时刻拉人一把，往往就具有决定性意义。因此，乐于助人的品质总会得到赞美。在《水浒传》中，宋江武功不高，其他方面也都平平，但他凭借周人之急的品质，在江湖上博了个响当当的"及时雨"的名头。可见，能力的高低并不影响品德的高下，周人之急本身就是一种高尚的品德。

三国时期，曹操和袁绍在官渡对峙。当时曹军实力远不如袁军，但袁绍刚愎自用，不纳忠言，屡失良机；而曹操富有谋略，善于用兵，最终取得了胜利。

打败袁绍后，曹军在袁军的营帐里搜出一些曹操手下的文臣武将与袁绍暗中勾结的信件。有人建议把这些写信的人全都抓起来处死，但曹操不同意这样做。他说："当初袁绍的力量十分强大，连我自己都感到难以自保，又怎能责怪这些人呢？假如我站在他们的位置，当时也会这么做。"

于是，曹操下令把信件全部烧掉，对写信的人一概不予追究。那些原本惶恐不安的人放下了心，从此对曹操更加忠心耿耿。

曹操这种为人处世的态度，赢得了人心，愿意投奔他并甘心为他效力的人越来越多。曹操的力量也因此越来越强大，手下谋臣将士如云，最终统一了中国北方。

生活中，那些善解人意的人往往受到大家的喜爱和尊敬，原因就在于他们能够将心比心，用别人的眼光看待问题，以别人的心境体会生活，真切地感受别人的欢乐与忧伤。这样，人与人之间的距离被拉近，关系也会变得更加融洽。

危行言迅
不落禍惡

危行言逊，不落祸患

"危行言逊，不落祸患"，这句话告诫我们在言行上要谨慎，避免因过于张扬而招致祸患。这是对人生经验的深刻总结。我们可以通过一些故事来进一步理解它。

在中国古代，有一位名叫李泌的智者。他才华横溢，深得皇帝赏识，却从不因此骄傲自满。相反，他行事谨慎，言语谦逊。虽然多次被排挤打压，但他始终坚守初心，不为权势所动。他的智慧在于知道如何保持低调，避免招致不必要的祸患。

这个故事告诉我们，"危行言逊，不落祸患"是一种人生智慧。它提醒我们要保持低调和谨慎。当我们学会如何保护自己时，就能更好地应对生活中的挑战和危机。我们不应过于张扬自己的能力和成就，而应在默默无闻中积累实力和经验。只有这样，我们才能在人生的道路上走得更远、更稳健。

得意之时
不可忘形

得意之时，不可忘形

做人要学会宠辱不惊。失败时要努力，得意时不要忘形。无论人生的上升还是下降，都应泰然处之，以淡定的态度笑对人生。

人之为人，难免会自鸣得意。但懂得做人的道理，会明白在得意时不能忘形，更不能在那些正处于低谷的人面前显露得意之色。这样，既不会伤人，也不会被伤。得意到了狂妄的地步，整个人飘到半空中，很容易摔下来，而且会摔得很惨。乐极生悲的例子屡见不鲜，因此在得意之时，要时刻提醒自己保持清醒。

有些人因为顺境而欣慰，愉悦之情溢于言表。然而，不能只知高兴，更应该思考如何维持顺境，永葆成功。

在得意之时，要压抑过度张扬的欲望，多一点谦虚，少一些炫耀。得意忘形是一种危险的人生态度。如果一个人因已有的成就而止步不前，那么失败就在眼前。许多人一开始奋斗得很起劲，但前途稍露光明，便自鸣得意，失败随即而来。

如果你最近万事顺心，是否会自鸣得意？如果是，那你就要好好培养一下涵养，把因升迁或取得成就而产生的过度兴奋压下去。你所拟的人生计划，是你的奋斗目标，但在达成目标之前，中途的升迁或小成就，不过是小事一桩。也许在你实施计划时，一开始便受他人夸奖，但你必须将这些夸奖一笑置之，仍旧埋头去干，直到完成心中的大目标。到那时，人们对你的惊叹将远超起初的夸奖。

一个人的伟大与否，也许可以从他对自身成就的态度中看出。把成就作为你更上一层楼的阶梯吧！

话不说满
事不做绝

165

话不说满，事不做绝

凡是有远见的人都不会被眼前的得失所蒙蔽。在适当时机，他们都能为自己留一条后路，为未来的发展提供余地，更是为自己留一条全身而退的途径。

人们常说："不给自己留退路。"这种破釜沉舟、勇往直前的精神固然可敬，但在现实生活中，也可能因此撞得头破血流，最终走到山穷水尽处。爱迪生曾说："如果你希望成功，就以恒心为良友，以经验为参谋，以谨慎为兄弟，以希望为哨兵。"

世事无常，犹如水流；盛极必衰，物极必反，这是世事变化的基本规律。既然如此，做人就应该处处把握分寸，永远给自己留一条退路。俗话说："月盈则亏，水满则溢。"凡事留有余地，才能避免走向极端。特别是在权衡进退得失时，更要注意适可而止，见好就收，防患于未然，牢牢掌握住自己人生的主导权。

少指责
多认错

165

少指责，多认错

人都有自尊心，很少有人能平静地接受"你错了"这三个字。很多人在被指责时会闷闷不乐，冲动的人甚至可能当即暴跳如雷、反唇相讥。

我们常常肆无忌惮地指责别人的错误，却没有意识到这样做会给别人的心中留下疤痕。

在人际交往中，破坏力最强的莫过于这三个字：你错了。它不仅不会带来好的效果，反而会引发不快、带来争吵，甚至会使朋友变成对手，情侣变成怨偶。

没有多少人能够正视别人的批评，大人物不能，小人物更不能。

人性使然，人们往往容易责怪别人，而不愿意责怪自己。这不是度量的问题，而是人性的弱点，只有极少数人能够克服这种弱点，坦然接受批评。

因此，当我们想说"你错了"的时候，要明白，哪怕我们费尽口舌，对方的想法仍然是："我看不出我该怎样做，才能跟我以前所做的有所不同。"无论对方是否辩解，他都不会真正接受我们的批评。与其如此，不如先承认"我错了"，这也许对疏通关系和解决问题更有帮助。

假如事情到了不得不说"你错了"的地步，也应遵循一个原则，即对事情有好处又不伤害对方的自尊。你应该尽量让对方明白你的好意。你指出对方的错误，到底是为了贬低他、抬高自己，还是为他好？他也许并不明白。所以，你要设法让他感到你的好意。此外，讲话时态度要谦和诚恳，用语不能激烈，否则对方就会认为你在教训他；但也不必过于委婉，否则会被认为是虚伪。

第三章

是非善恶：

不是佛教徒，常怀慈悲心

——小处不妨糊涂，大处必须清醒

賭近盜
淫近柔

赌近盗，淫近杀

赌博这个恶习侵蚀着一些家庭。多少原本幸福的家庭因此被毁灭，由此带来的一系列社会问题也显而易见。无数人最终因参与赌博而堕入毁灭的深渊……

赌博这个毒瘤难以彻底根除，归根结底在于部分人妄想不劳而获。殊不知，参与赌博不啻慢性自杀。金钱的快速流动麻痹了神经，道德开始黯然无色，人性之光也悄然泯灭。

生活中的诸多事例说明，戒除赌博绝非易事。赌博是一种习惯性行为，如果想克服赌博癖好，必须拥有坚定的意志。首先，要认识到赌博的危害性，了解十赌九输的规律，不要抱有侥幸心理，避免进入任何赌博场合。其次，可以培养其他健康的爱好，比如钓鱼、看书、打球等。此外，调整精神压力，多做运动（如慢跑）、学习放松技巧（如瑜伽），或进行休闲活动（如听音乐、逛街），借此充实身心。

171

只有大意吃亏，没有小心上当

任何时候，那些看似容易，充满诱惑的事情都应小心，因为稍有不慎就可能让你掉进陷阱。所谓"人心隔肚皮""知人知面不知心"，别人的内心你不可能尽知。何况手有五指参差，人有良莠不齐，有些人专挑别人的弱点下手，以获取不义之财。这种人比窃贼更狠毒，更难防范。一旦被他们抓住机会，你可能会面临灭顶之灾。

所以，与他人交往时一定要谨慎小心。在了解对方的底细之前，切不可轻易推心置腹，将自己的情况全盘托出。在职场中尤要注意，不要有实必露，因为总有一些别有用心的人在觊觎你的成功。如果你对人总是实实在在，可能会因此吃大亏。所以要学会适当掩饰，不要轻易暴露自己的真实情况，这样才能立于不败之地。

保持警醒的头脑，常常能让你在生活中免受损失。小心驶得万年船，这是一条防止吃亏上当的重要原则。无害人之心，但不可无防人之心。不马虎、不大意，泰然处之并小心防备，才是处世的根本。

多一些宽容
少一些隔阂

173

多一些宽容，少一些隔阂

雨果曾经告诉我们："世界上最宽阔的是海洋，比海洋更宽阔的是天空，比天空更宽阔的是人的心灵。"懂得宽容，就不会对自私、虚伪、嫉妒、狂傲感到失望，而是用宏大的气量去感受"相逢一笑泯恩仇"的快乐。人生是个多彩的舞台，不断上演着形形色色的人情冷暖、世态炎凉。在现实生活中，人们必须能够承受这一切。这时，请不要忘记，世间唯有两个字可使你和他人的生活多姿多彩：宽容。

你对待别人宽容，那么即使再大的仇恨也会随之减少，取而代之的是更多的喜乐，这样的人生才会充满希望。当你对别人宽容时，也是在对自己宽容。明明是对方错怪了你、欺骗了你、伤害了你，你心中却无怨恨。看到这里，也许你会问：对坏人也宽容吗？正确的回答是，不以牙还牙，这就是宽容。

所以，要让自己快快乐乐地生活在充满爱的世界里，首先要做一个宽宏大量的人。要真正做到宽容并不容易。如果你心里有恨和苦，就宽容不了他人；或者，如果你认同宽容是很高尚的行为，但难以时时做到，那么你应该远离那些品头论足的人。随着时间的推移，你会发现，宽容越多，心里的喜乐也越多。

一善标千古
一德垂万世

一善标千古，一德垂万世

纯善的人就像自然界中的水一样，造福万物，滋润大地，却不争高下，不求回报，最终成就了博大的江海。这种谦虚的行为，才称得上是真正的善行。

俗话说："滴水之恩，当涌泉相报。"这是从受施者的角度出发，要求人们对他人的帮助心怀感恩。而从布施者的角度来看，则应牢记"施恩莫图报"。

在生活中，很多慈善家做善事时，连受益者是谁都不知道，他们从不期待回报。也有一些人，给了他人一点恩惠，就天天惦记着对方何时感恩。若对方未感恩，便心生怨恨。比如，生活中有些人拜佛，并非出于虔诚，只是希望佛祖保佑自己发财、平安，一旦遭遇灾祸，他们便会抱怨："我白烧了那么多的香。"这种人并无真正的虔诚之心，只是为了获得福报而拜佛。这种人本身的目的就不纯，可以说亵渎了布施。

正人君子应济危扶困，一心一意帮助他人解除危难。如果帮助他人的目的是为了回报，那就不是真正的善行。这样虚假的"布施"，于人于己，都算不得好事。

由"施恩不图报"还可以联想到"无求而自得"。人世间只有拥有大智慧的人，才懂得"无求而自得"的道理。因此，一个人如果能做到施恩不图报，那他的思想境界就远远超出了一般人。

行善不望报，望报不行善

人活在世界上，心情愉快、高高兴兴比什么都重要。那么，怎样才能时时刻刻都高兴呢？关键在于学会给予和付出。

人与人之间的奉献一直感动着我们的心灵。那种深沉的人间真情，久久地温暖着每一颗尘封已久的心。当心与心的共鸣奏响时，心灵浸润其中，也会变得通透，原本覆盖的灰尘也被荡涤得了无踪影。长此以往，心灵会变得超脱，并找到通往精神家园的路。

一个人如果失去了爱和给予的能力，他的人生也会变得黯淡无光。其实，给别人以帮助和鼓励，自己不但不会有所损失，反而会有所收获。通常，一个人给予外界的帮助和鼓励越多，从他人那里得到的回馈也越多。

奉献的力量一直感动着我们的心灵。给别人一颗善心，感染对方，得到的回馈便是两颗爱心的跳动。

我们懂很多道理，却无法奉行；明白很多事情，却不会去做。很多时候，问题不在于智慧不足，而在于决心不够。

行善之人从不贪图回报，这是一种大善。如果行善是为了回报，那就与不行善没什么区别了。

急人所急
想人所想

179

急人所急，想人所想

与人交往，重要的不是你能给出多少物质上的东西，而是要懂得对方真正需要什么。如果你能解决别人的难题，支持别人的事业，或者成为别人的合作伙伴，急人之所急，那么别人自然会真心感谢你。

急人所急、想人所想是一种重要的社交能力，能够帮助人们在人际关系中建立互信和合作。这种能力也可以通过在工作或学习中的表现得到提升。如果一个人能够在工作中迅速响应他人的请求和需求，并以高质量的方式完成任务，那么他的同事和上司就会对他的能力感到钦佩，并愿意与他建立更紧密的合作关系。

此外，急人所急、想人所想的能力还可以帮助人们在紧急情况下做出正确的决策。例如，如果一个人在紧急情况下能够迅速反应，并采取必要的行动来保护他人的安全和健康，那么他的行为将会被视为一种紧急而重要的反应。这种能力也可以帮助人们在日常生活中更好地应对各种突发事件，从而提高生活质量。

弱敌不可轻
强敌不可畏

弱敌不可轻，强敌不可畏

在生活中，我们不应轻视看似力量弱小的敌人，也不必害怕看似力量强大的敌人。譬如在商战中，我们经常会遇到强大的对手，他们在某些方面似乎无懈可击。此时，你是选择与对方硬碰硬，还是避开对方的锋芒，从侧面回击呢？

任何人都该看到对方的优势，认清自己的劣势，然后避开对方的锋芒，从另一个角度发起突袭，绕道达到目标。这种战术看起来似乎少了点"速战速决"的味道，往往却是最有效的。

当我们分析所面临的困难，发现无法直接逾越时，不妨绕开它，寻找别的路。

在社会交往中，没有绝对的强与弱，只有相对的强与弱；也没有永远的强与弱，只有一时的强与弱。因此，强者与弱者最好维持一种平衡。国与国之间或许难以做到这一点，但人与人之间却很容易实现。只要你愿意，无论你是弱者还是强者，都可以采取"遇强示弱，遇弱示强"的策略。

在社会交往中，当你和对手在无形的空间中互相敌视，甚至产生愤怒之火时，硬碰硬、直来直往并不是什么好办法，也不会帮助你解决问题，你应该采取一定的策略。

要想在社交中游刃有余，立于不败之地，就需要具备适应能力。也就是适应外界情形的变化，根据不同对手的情况，遇强不畏，遇弱不轻，灵活地运用恰当的方法来应对，赢得胜利。

第四章

生活处境：

得意失意莫大意，顺境逆境无止境

——花开花落，顺逆有常

饮水思源
缘木思本

185

饮水思源，缘木思本

我们生而为人，不能忘本，更不能忘记自己何以生、何以乐、何以福。"饮水思源，缘木思本"，这是我们做人的根本和正道。

梁元帝曾派遣庾信出使西魏。后西魏灭梁，庾信被扣留在长安（西魏都城）长达二十八年。虽然庾信在北朝官至大将军，但他始终思念故国，内心非常悲苦。他在《征调曲》中写到："落其实者思其树，饮其流者怀其源。"意指吃果子时不能忘了果树，喝水时要想想水的源头。如今，"饮水思源，缘木思本"常被用来形容不忘根本，怀念成功的根源。

生活中的一切事物都值得我们感恩。在一次采访中，有人问霍金对自己的一生及取得的成就最大感触是什么，他的回答是幸运。在场的人无不惊讶。霍金用手指艰难地敲击着键盘，大屏幕上出现了他的解释：我的手指还能活动，我的大脑还能思考，我有终生追求的理想，有我爱和爱我的亲人和朋友，对了，我还有一颗感恩的心……一阵沉默之后，全场掌声雷动。

身为科学家，霍金深知生命的珍贵，所以他用感恩的心对待生命、社会和自然，不会因为身患顽疾而动摇生存的信念。他知道，拥有生命就拥有一切可能，这是世界上最大的财富。学会感激世间所有遗憾，感激那些看似无知的花草，感谢他人给予的每一份善意，这些才构成了我们生命中最美丽的风景。而最大的感恩是，我们生而为人，拥有精彩的人生，感受丰富的人世，凭借情意的温暖，存在于广阔的世界中。

想喝甜水自己挑

187

想喝甜水自己挑

有位伟人说过："我们是主张自力更生的。我们希望有外援，但是我们不能依赖它，我们依靠自己的努力，依靠全体军民的创造力。"想喝甜水，不必依赖他人，自己挑即可。自力更生能够教会一个人从自身力量中汲取动力。在这种动力的激发下，挫折不仅不会变成不幸和痛苦，反而会通过吃苦耐劳、坚忍不拔的实干，转化为一种幸福。它能够唤起人们奋发向上的激情，激励他们勇敢地奋斗。

世界上没有不劳而获的成就。即使天上真的能掉馅饼，也要张开嘴巴去接。自助者，天助之。遇到问题时，不要抱怨，不要依赖别人，而是要积极动脑筋、想办法，一切困难都会迎刃而解。

谁也无法带给你成功，除了你自己。当你懂得自立自助时，就开始走上了成功的旅途。抛弃依赖之日，就是发挥自己潜在力量之时。外界的帮助有时也许是一种幸福，但更多的时候并非如此。只有依靠自己的力量，才是长久之计。

自力更生、艰苦奋斗这种优良传统不仅在各时期发挥了极其重要的作用，还在恶劣艰苦的条件下创造了一个个奇迹。这种精神不仅仅使国家受益，也使企业受益。正是秉持这种自力更生、艰苦奋斗的精神，海尔开创了中国家电行业的新纪元。

现实中的我们，也总会遭遇各种各样的困难。很多时候，我们习惯于求助他人，却忘记了自己身上尚未开发的潜力，以及将难题变成机会的能力。为什么我们不去主宰自己的命运，却要祈求他人的怜悯和帮助呢？

得意不可再往

189

得意不可再往

老话说得好："凡事当留余地，得意不可再往。"这句话告诫我们，不可重复使用过去的取胜之方，否则很有可能变为失败之举。因此，在生活和事业中，那些让你大获成功或大占便宜之处，正是我们需要小心提防的"陷阱"。"得意不可再往"蕴含的哲理虽然微妙，却是生命中的常态。一切皆流，一切皆变。如果以不变的方法应对人生中的各种变化，我们迟早会被这种变化所抛弃，成为被淘汰的对象。

正如格言所云："事当快意处须转，言到快意时须住。""殃咎之来，未有不始于快心者。故君子得意而忧，逢喜而惧。"这两句话的意思是，人在得意时需要保持清醒，静静内省，不能忘形，以免不慎犯错。

高明的人，能上能下，"达则兼济天下，穷则独善其身"。要做到这一点，就得从做事留余地开始。老子的"知足"哲学也包含这种思想：过分自满不如适可而止；金玉满堂，往往无法永远拥有；富贵而骄奢，必定自取灭亡；锋芒太露，势难葆长久。

在工作中，我们也可能像余则成一样取得骄人的成绩，深受领导喜爱，但风光得意之时一定要保持理智，警惕成功后随之而来的鲜花和掌声。不要像马奎那样目中无人、忘乎所以，否则只会让自己处于不利的境地。那些潜藏在得意和成功背后的祸患，才是真正值得我们注意的危险。

有人曾说："当你谦逊的时候，你仿如一个天使。骄傲则使天使沦为魔鬼。骄傲的人往往用骄傲来掩饰自己的卑怯，而且他很少知恩，因为他永远不会认为自己已得到他所应得的一切。"这样的人会因为自己的骄傲吃亏，只有谦逊、隐忍，不过于招摇，才能使生活风平浪静，避免麻烦的打扰。

冬长三月
早晚打春

191

冬长三月，早晚打春

我们都喜欢生活中发生各种各样的好事，而不愿遭遇诸如生病、事业失利等坏事。然而，古人告诉我们："物极必反。"人生总是一波三折，没有人能永远一帆风顺，也不可能一辈子"坏运"连连。当我们无法阻止这种变化时，不妨顺应变化。当好事发生时，不要骄傲得意，而要借机将人生提升到更高的高度；若坏事临门时，也不要沮丧绝望，不妨韬光养晦，为下次的机会做足准备。要知道，世间事无绝对，"冬长三月，早晚打春"。当你处于人生的困顿期，感到颓丧绝望时，不妨说服自己多撑一天，一个月，甚至一年，或许你会惊讶地发现，当你拒绝退场时，生命将给予你意想不到的惊喜。

身处任何困境，我们都不要忘记为自己编织希望，哪怕是微弱如荒原灯火的希望。纵观古今中外，但凡名人伟人，其成就都是从血汗、委屈、辛苦、忍耐、痛苦中点滴积累而成的。司马迁忍辱负重写下《史记》，曹雪芹满腔辛酸化作《红楼梦》，屈原流放后创作《离骚》，贝多芬用苦难谱写《第九交响曲》……伟大的人格无法在平庸中养成，只有经历锤炼和磨难，才会激发出潜能和力量，让灵魂得到升华，使人生走向成功。

英国有一句谚语："一个人如果有自己系鞋带的能力，那么他就有上天摘星星的机会。"经过挫折、磨难、徘徊和失意的磨炼，我们的意志会更加坚定，生命也会更有韧性。在苦难中找到人生的方向，不断成长，才能真正实现自我。

瓦罐不离井口破
花红百日也要落

193

瓦罐不离井口破，花红百日也要落

人们常说："瓦罐不离井口破，花红百日也要落。"古人曾用瓦罐从井里取水，瓦罐必然会频繁与井口、井壁碰撞，久而久之，难免破碎。而"花红百日也要落"则说明再美的花也不能长开不败，比喻好景不长。这句老话提醒我们，要时刻警醒自己的处境，会面临着各种诱惑，不要被表面的浮华所迷惑。

人们眼里看见的灯红酒绿不过是一场短暂的梦。我们却沉迷其中，只满足于舌尖的美味、耳中的声音和眼前的色彩。我们常常身处险境却不自知，年华匆匆逝去却依然浪费光阴。

人生就像四季，有着寒暑冷暖之分。情场失意、工作不得志、与家人无法沟通、不被同事认同、亲人病危……当我们面临人生的"冬季"时，不可避免地会陷入情绪低谷，然而，这也是反省和重新认识自己的机会。因为在所谓的清醒时刻，机会往往并非真正清醒。不管是刻意压抑还是在潜意识中逃避，都会否定内心的孤寂与空虚，压抑由恐惧引发的各种负面情绪。

当然，人们也想解决这样的问题，尝试了各种各样的方法之后，但最终陷入"道理我都懂，能不能做到又是另外一回事"的困境。就这样，不是畏惧改变，就是不耐心等待，从而错失了反省自己的机会。

第五章

个人涵养：

茶也醉人何必酒，书能香我不须花

——为人若君子，不可当小人

宁要宽一寸，不要长一尺

人生之路犹如水之入海，从来都是曲曲折折、坎坎坷坷的。就好比灿烂的阳光下也会有阴暗的角落，和风日丽的天空中也有乌云飘来的时候。巨轮航行在大海上，经常会遇到狂风恶浪的挑战；车辆奔驰在大地上，也总会有高山大河的阻碍。人与人之间的相处也是如此，我们也会遇到不同的性格或行为习惯的人：有的善解人意、知书达理，有的心胸狭窄、蛮不讲理，有的愤世嫉俗、感情用事，有的宽容大度、冷静沉着……

荀子曾说："君子贤而能容罢，知而能容愚，博而能容浅，粹而能容杂。"西方谚语也说："世界上最大的是海洋，比海洋更大的是天空，比天空更广阔的是人的胸怀。""容"即胸怀宽广，体现为一个人的性格，便是宽容。

宽容是一种崇高的美德。秉持宽容之心的人，在处世中应避免唯我独尊，对不同的观点和行为要予以理解和尊重。即便自己有理，也不能得理不让人，咄咄逼人，更不能把自己的观点和行为强加给别人。

人与人之间需要宽容和理解。宽容是催化剂，可以消除隔阂，减少误会，化解矛盾；宽容是润滑剂，能调节关系，减少摩擦，避免碰撞；宽容是清新剂，会令人感到舒适、温馨、自信，感受到世界的美好。

宽容是一种积极的人生态度。面对激烈的市场竞争和风云变幻的世界，一个人必须有宽阔的胸襟，才能保持良好的竞争状态。褊狭和嫉妒只能使自己的路越走越窄，最终无路可走。所以，无论在生活中还是商场上，成大事者都需要宽容的胸怀。

君子动口
小人动手

君子动口，小人动手

流芳百世者，多为君子；遗臭万年者，皆为小人。君子谦谦，小人戚戚。古往今来，人世百态，有君子处皆有小人。小人者，于承诺中背信弃义，置他人以及国家安危于不顾，只为苟且偷生；于坦荡中掖掖藏藏，置他人利益于不顾，只为谋取一己私利。小人者，心中亦无爱，或利欲熏心，或心胸狭隘，或飞短流长。为求浮名荣耀或蝇头小利，往往不择手段。

因此，君子与小人的区别皆在一个"德"字。《论语·里仁》云："君子怀德，小人怀土；君子怀刑，小人怀惠。"君子胸有千壑，小人独善其身；君子顺道而行，小人贪图小惠。

在现实生活中，我们难免会碰到小人，甚至在无意间和他们打交道。面对如此情况，我们又该如何应对？

古语云："君子动口，小人动手。"面对小人们的不择手段，死缠烂打，再聪明的人也防不胜防。一旦被他们卷入纷争，定力不够者往往会陷入无休止的纠纷，最终焦头烂额。

所以，与小人发生直接冲突是一种不明智的行为，因为冲突正是他们施展"才能"的利器。动手是小人之善道。正所谓"新鞋不踩臭狗屎"，与小人打交道时务必考虑周全，最好不要与其正面冲突，这对一般人来说无异于以卵击石。这并不是说小人的力量有多么强大，而是他们在行为方式上可以毫无道德底线。心中无德者，招数自然毫无底线。所以，纵使你实力强大，也难免中招。

人无刚骨
安身不牢

人无刚骨，安身不牢

常言道："人无刚骨，安身不牢。"人生在世，总会遇到各种各样的困难。俗话说，生活如逆水行舟，不进则退。若是性格不够坚强，很容易被生活的洪流挤兑得一退再退。

有这样一句话："往你的性格中铸入'钢'，它会帮助你斩断前进途中缠绕在腿脚上的蔓草和荆棘。"

每一个人都要经历大大小小的磨难。在生活和工作中，逆境往往多于顺境。学会在逆境中求生存，才能战胜逆境。也只有这样，人们才能锻炼出刚强的性格。拥有了刚强的性格，行事为人才能张弛有度，在生活和工作中寻得自己的一席之地。

刚强者尤其不畏困难和苦难，往往能够迎难而上。

玩人喪德
玩物喪志

203

玩人丧德，玩物丧志

孔子曾经提出"君子三戒"："少之时，血气未定，戒之在色；及其壮也，血气方刚，戒之在斗；及其老也，血气既衰，戒之在得。"大意是君子在人生的不同时期，有三件事情要警惕：年轻时，精力不稳定，要警惕贪恋女色；到了壮年阶段，血气正旺，要警惕争强好斗；老年时，精力衰退，要警惕保守与贪婪。

人在少年的时候，容易冲动，尤其要注意不能因男女关系而玩物丧志，或因感情的变故而导致人生不稳定。不少青少年，因为早恋而耽误学业，甚至为了争夺异性而做出伤害他人的举动，有时还会走向极端。所以，在这个时期要慎重处理感情问题，切忌因色生事，悔恨终生。

人到中年，血气方刚，事业、家庭都相对稳定。为了突破事业的瓶颈，人们可能会对他人"大打出手"，所以孔子说"戒之在斗"。与他人争斗的结果往往是两败俱伤。此时家业有成，当静享人生乐趣，以平和之心来看待世间万象。

老年时期，人通常性情温和，如罗素所说，湍急的河流冲过山峦，终于汇入大海的时候，表现出来的就是一种平缓和辽阔。在这个阶段，人要正确对待自己得到的东西。

仔细想，孔子的这番话归根结底说的是一个道理，即人在不同的年龄段要戒除不同的诱惑。少年时不可沉迷于感情；中年时忌讳玩弄权术和争斗；老年时不可过于保守和贪婪。

玩物丧志是古人的谆谆教诲。对于每个年龄段的人来说，诱惑实在太多了。适度的娱乐是放松，但若沉迷其中无法自拔，不仅是对自身的摧残，更是对心智的侵蚀。长此以往，终会堕入自我毁灭的深渊。

输钱只为赢钱起

输钱只为赢钱起

人人常说：十赌九输。可是赌博这东西非常诱人，第一次赌的时候，人们往往抱着试试、小赌怡情的心态，结果赢了，就觉得自己运气好，或者认为"赌"没什么难的，于是越陷越深。这种心态在影视作品中屡见不鲜，也应验了"十赌九输"的老话。

仔细想想，这种"一定要赢"的心理，其实是人的贪欲在作祟。俗话说，人心不足蛇吞象。我们常常被表象的繁荣所迷惑，沉溺其中而不自拔。现实生活中，很难有人能够很好地控制自己的贪欲。一旦贪念生起，就很难有回头的决心和勇气。

现实中，很多人对物质都有一种永不知足的贪欲。拥有的越多，欲望越大，越想抓住更多。当这种贪得无厌的心态不断膨胀直至爆炸时，就容易走向自我毁灭。

不想放手，是因为开始时赢了觉得还不够，再继续，就没得翻身了。试问有多少人能及时抽身？一旦心底的贪欲被勾引出来，你的心智究竟还有几分是自己所能控制的？

《伊索寓言》中有这样一句话："有些人因为贪婪，想得到更多的东西，却把现在所拥有的也失掉了。"我们不要期望别人给予我们什么，也不要奢望自己想要的都能追逐得到。要学会自食其力，懂得知足常乐，珍惜现在所拥有的，享受每一刻的美好时光。

不赌就是赢。

别让陋习成自然

别让陋习成自然

　　每个人或多或少都有些陋习，很多时候我们意识不到，正是那些陋习阻碍了我们迈向成功的脚步。

　　习惯是一种在长时间逐渐形成的，一时不容易改变的行为、倾向或社会风尚。习惯有好坏之分，其中有些好习惯往往伴随人的一生。如手不释卷、热心助人、讲究礼节等，这些好习惯是一种内在品德的体现。相反，有些习惯则源于对事物的偏颇认识或生理本能的追求，如好吃懒做、好赌成瘾、出言不逊等，这些坏习惯会让人性格扭曲，不仅对自己毫无益处，还会给社会带来不安定因素。当陋习刚刚染身的时候，人们往往不以为然，可是一旦病入膏肓，到了不可救药的地步，就后悔莫及了。

　　俗话说，习惯成自然。当你将陋习也当成自然时，必将走向失败。比如，你习惯衣衫不整、头发凌乱地出入公众场合，或是打扮怪异，夺人眼球，却丝毫不在乎周围惊讶的目光；你习惯迟到、消极怠工，在他人眼中，你早已成了自由散漫、吊儿郎当、没有责任心的代名词；你习惯找借口，无论别人提出的批评多么有建设性，你却只会辩驳、推卸责任，给他人留下胸襟狭窄、刚愎自用的印象；你习惯于依赖别人，不敢提出自己的见解，人云亦云，拾人牙慧，又有谁能够放心地对你委以重任呢？于是，当你将陋习视为自然的时候，你将会品尝到自酿的苦果。

　　那么，如何改掉陋习呢？唯一的办法，是养成一个良好的习惯。心理学原理告诉我们，改变一个习惯，至少需要两个星期。这说明改变习惯是一个痛苦的过程，但这种痛苦是可以承受的。我们可以制订切实可行的计划，一步一步地向前走。放任陋习是没有出路的。